滨海山地风景园林规划设计丛书　　赵烨　李超　主编

山东省社会科学普及应用研究项目：山东滨海乡村文化特色及其在乡村振兴中的传承研究 (2020-SKZZ-89)
青岛市社科规划项目：青岛乡村振兴新攻势下的旅游型乡村规划策略研究（QDSKL1901191 ）

超　王琳　著

如画山海：
山东滨海典型乡村规划设计

PICTURESQUE MOUNTAIN AND SEA:
PLANNING AND DESIGN OF TYPICAL COASTAL VILLAGES IN SHANDONG

中国建筑工业出版社

图书在版编目（CIP）数据

如画山海：山东滨海典型乡村规划设计 =
PICTURESQUE MOUNTAIN AND SEA: PLANNING AND DESIGN
OF TYPICAL COASTAL VILLAGES IN SHANDONG / 李超，王
琳著.—北京：中国建筑工业出版社，2022.9
（滨海山地风景园林规划设计丛书 / 赵烨，李超主
编）
ISBN 978-7-112-27755-1

Ⅰ.①如…　Ⅱ.①李…②王…　Ⅲ.①乡村规划—规
划布局—研究—山东　Ⅳ.①TU982.295.2

中国版本图书馆CIP数据核字（2022）第147798号

本书以滨海乡村文化挖掘与传承为主要研究内容，在系统梳理山东滨海乡村文化特点体系的基础上，分析当前山东滨海乡村聚落发展现状与问题；研究乡村地域文化传承对滨海乡村振兴路径的影响；结合相关案例构建滨海乡村文化在乡村振兴中的传承策略体系。本书在相关领域的成果梳理的基础上，提出了乡村景观吸引力的产生、评价与提升的理论与方法，在这一交叉学科研究领域作了一些探索性研究工作。实证研究成果为山东省滨海乡村景观保护与开发、乡村旅游产业结构调整提供科学决策依据，对其他滨海地区乡村景观吸引力评价、培育和构建也具有一定的示范价值和应用前景。

本书依托乡村振兴战略，对山东滨海乡村的地域文化特色及其传承应用策略展开研究，以应对时代的发展需求，探寻山东乡村的可持续性发展模式，具有重要的理论意义与现实意义。

责任编辑：毋婷娴
责任校对：王　烨

滨海山地风景园林规划设计丛书
赵烨　李超　主编

如画山海：山东滨海典型乡村规划设计
PICTURESQUE MOUNTAIN AND SEA：PLANNING AND DESIGN OF
TYPICAL COASTAL VILLAGES IN SHANDONG

李超　王琳　著
*
中国建筑工业出版社出版、发行（北京海淀三里河路9号）
各地新华书店、建筑书店经销
北京雅盈中佳图文设计公司制版
北京建筑工业印刷厂印刷
*
开本：787毫米×1092毫米　1/16　印张：10¾　字数：237千字
2023年3月第一版　2023年3月第一次印刷
定价：58.00元
ISBN 978-7-112-27755-1
（39932）

序

　　近年来，面向新时代的发展需求，国家层面不断出台了"乡村振兴""美丽乡村""保留村庄原始风貌"等相关政策，引领乡村迭代发展。乡村建设一方面受特定的文化基因、自然环境、生活习俗长期作用和影响，在空间环境形态上具有鲜明地域特色；另一方面在经济发展过程中，乡村建设也随着与之相适应的生产、生活方式持续改善提升而具有时代特征。当前许多乡村建设中尚存在着发展目标定位不够清晰明确、规划策略针对性不强、研究方法单一等问题，也缺乏一系列科学系统有效的评价方法。在乡村建设中，积极保护乡村文化基因的内核本源，强化完善乡村的地域性研究与营造，传承内核文化与新经济发展模式相适应的新时期乡村生态并可持续发展，是乡村建设亟需研究的课题。

　　本书作者结合乡村振兴的时代背景，基于文化基因研究视角，综合运用社会学、旅游学、地理学、人类学等学科知识，探索了滨海乡村生态系统的发展规律。综合运用生态学等各种行之有效的理论和方法，针对不同类型的滨海乡村，归纳和拓展出一套整体系统的设计方法和规划策略，并初步建构起相应的理论框架。

　　在实证部分，作者选取了具有山东滨海地区代表性的乡村为研究对象，采用定量研究与质性研究相结合的方法，运用空间适宜性分析、网络文本分析与文化基因感知评价等方法，整合结构化及非结构化数据，厘清了山东滨海乡村发展与规划设计实践的功能需求与建设尺度，结合地域性和时代性的双重视角，契合乡村本身的自然生态环境和历史文化氛围，挖掘出乡村本身固有的文化景观价值，使有限的人力、物力发挥更大的效益，更好地促进山东滨海乡村空间布局、功能分区、产业结构和人地关系的优化与可持续发展，构建基于文化基因的山东滨海乡村规划研究技术框架，为乡村文化基因保护与空间环境优化提供更加科学理性的支撑，进而形成了相应的滨海乡村规划策略。其理论观点与研究模式不仅丰富了滨海地区乡村研究成果，而且对于我国其他地区乡村的相关理论研究及设计实践也具有一定的借鉴意义。

　　李超和王琳两位作者勤勉刻苦，深耕乡村规划研究多年，通过不断的学习与积累，取得了一系列丰硕的理论研究成果，也进行了相关的工程创作实践。这本论著就是她们重要的理论研究成果之一。尽管本书尚存一些不尽完善之处，但其中不乏理论创新的成分，为滨海乡村规划的理论研究开辟了新的视野，作出了积极有益的尝试。本书的出版表明她们的研究成果已得到社会的初步肯定，相信她们定会以此为契机，百尺竿头、更进一步！

王兴田

青岛理工大学建筑与城乡规划学院名誉院长、教授、博士生导师

山东省建筑工程大师

目　录

序

引　言　　　　　　　　　　　　　　　　　　　　　　　　　　　001

第1章　概述　　　　　　　　　　　　　　　　　　　　　　　002

　　1.1　文化基因　　　　　　　　　　　　　　　　　　　　002

　　1.2　海洋文化基因　　　　　　　　　　　　　　　　　　004

　　1.3　山东海洋文化基因体系　　　　　　　　　　　　　　007

第2章　山东滨海乡村文化基因挖掘与特征研究　　　　　　　009

　　2.1　山东滨海乡村文化基因形成背景　　　　　　　　　　009

　　2.2　山东滨海乡村文化基因的地域性挖掘　　　　　　　　012

　　2.3　山东滨海乡村空间形态特征与文化基因特色　　　　　014

第3章　山东滨海乡村空间的文化基因表达　　　　　　　　　030

　　3.1　文化基因与乡村空间实体　　　　　　　　　　　　　030

　　3.2　山东滨海乡村空间适宜性分析及样本重分类　　　　　031

　　3.3　山东滨海乡村空间外部表象构成　　　　　　　　　　036

　　3.4　文化基因与乡村空间的形神共营　　　　　　　　　　046

第4章　山东滨海乡村文化基因感知评价　　　　　　　　　　054

　　4.1　研究对象选择　　　　　　　　　　　　　　　　　　054

　　4.2　旅游者文化基因感知分析　　　　　　　　　　　　　059

　　4.3　村民文化基因感知分析　　　　　　　　　　　　　　069

第 5 章　山东滨海乡村的文化基因表达 075

　　5.1　滨海山地型乡村 075

　　5.2　滨海平原型乡村 101

　　5.3　海岛型乡村 140

结　　语 157

参考文献 159

引　言

　　近年来，随着"乡村振兴"政策的推进，乡村的"空间—经济—社会"三重结构均在发生不同程度的重构。2021年1月，中央一号文件《关于全面推进乡村振兴加快农业农村现代化的意见》提出全面推进乡村产业、人才、文化、生态、组织振兴，充分发挥农业产品供给、生态屏障、文化传承等功能，实现"工农互促、城乡互补、协调发展、共同繁荣"的目标。2022年中央一号文件提出，"三农"的工作重点由宏观的推动乡村振兴和农业农村现代化，转变为更加具有针对性的乡村经济发展的巩固和发展，提出"防止规模性返贫"的底线。

　　2022年5月习近平总书记强调："要深入了解中华文明五千多年发展史，把中国文明历史研究引向深入，推动全党全社会增强历史自觉、坚定文化自信。""中华优秀传统文化是中华文明的智慧结晶和精华所在，是中华民族的根和魂，是我们在世界文化激荡中站稳脚跟的根基。"

　　乡村发展应在顺应客观规律的基础上，根据乡村地域特色发展。基于文化基因的山东滨海典型乡村规划研究不仅将乡村作为一种经济现象或景观演变现象，更作为一种文化景观类型展开研究，反映人类与自然环境共同完成的进化历程。通过发掘乡村深层次的文化基因内涵，依托文化基因特征来建设具有本地人文特色的"美丽乡村"。山东作为我国的沿海大省，拥有历史悠久的海洋文明与深厚的海洋文化，是中国海洋文明最重要的源头。独特的海洋自然条件也孕育出了地域性的文化基因体系。在特定的文化基因的影响下，山东滨海地区的劳动人民创造出具有别样文化色彩的滨海村落。这些村落与当地文化基因一起构成了独特的乡村画卷。

　　基于文化基因的山东滨海典型乡村规划研究具有三方面优势：①拓展滨海乡村研究视角，形成适用于滨海乡村研究的文化基因库与框架体系；②优化滨海乡村空间规划方法，突破以往案例借鉴的局限性、实地调研和照片感知的主观性；③提升规划策略的科学性和落地性，增加文化基因感知维度，促进滨海乡村文化基因的保护传承与当代表达，实现滨海乡村的可持续发展。

第1章
概述

受到地理环境、人文历史等不同因素的影响，不同地区拥有差异巨大的文化基因。研究文化基因的地域性特质，探寻其保护传承与当代转译的有效途径，有助于更好地实现文化振兴，促进区域的可持续发展。

1.1 文化基因

1.1.1 文化基因的起源与定义

人类的生物特性可以通过基因一代代地遗传并保留下来，而人类所具有的文化特性同样一代代传承，传递文化的因子便可以称作"文化基因"。

文化基因是由"Meme"翻译而来，最早由英国习性学家查理德·道金斯（Richard Dawkins）于1976年在其《自私的基因》（*Selfish Gene*）一书创造，并将其与生物基因（gene）进行类比，定义为："文化资讯传承过程中的最小单位。"1976年以来，Meme一词开始在不同的领域快速传播，经过长时间的发展，不同领域的西方学者们对于Meme概念不尽相同（表1–1）。

西方学者对 Meme 定义 表 1–1

Wilkins	Meme 是选择过程中社会—文化资讯（Socio–CulturalInformation）的最小单位
Moritz	可以传递文化的一切单元均可称为"Meme"
Bjameskans	Meme 是一种通过人类寄主不断复制的认知资讯结构，或影响其进一步推动复制的认知资讯结构
Heylighen	Meme 是保留在每个人的记忆中，并可以被其他人的记忆系统复制的信息模式（Information Pattern）

Meme 在我国被学者们翻译为"文化基因"，但不同领域的学者对于"文化基因"也有着不同的定义（表1–2）。

国内学者对 Meme 定义		表 1-2
王东	所谓文化基因,就是决定文化系统传承与变化的基本因子、基本要素	
毕文波	内在于各种文化现象中,并且具有在时间和空间上得以传承和展开能力的基本理念或基本精神,以及具有这种能力的文化表达或表现形式的基本风格	
徐杰舜	民族或族群储存特定遗传信息的功能单位	
刘长林	那些对民族的文化和历史发展产生过深远影响的心理底层结构和思维方式	
赵传海	可以被复制的鲜活的文化传统和可能复活的传统文化的思想因子	
吴秋林	文化基因一词就是把文化中的某些构造等同于遗传学上的基因概念,认为文化人类学中有一个最基本的单位叫文化基因,并具有在其内部运动中对文化的根本性的影响	

本书将通过"文化基因"的视角来展开相关研究。所谓文化基因是指承载民族文化特性信息的因子,其在文化发展、复制、传播的过程会随着内部因素和外界环境的变化而变化。

1.1.2　文化基因的内涵

文化基因作为人类文化的遗传密码,是物质文化与精神文化的结合体。在文化发展、传播的过程中,文化基因拥有与生物基因一样的自我复制能力,正是这种能力使人类的文化得以保留和传承。它既有人与人之间的横向传播,又有代际的纵向传播。

文化基因在内部因素与外界因素共同的影响下会产生变异,这是由于文化基因在传播的过程中会损失部分片段,并会被人类调整与更改。这种变异既可以创造新的文化基因,丰富文化的内涵,也会造成传统文化的逐渐消失。文化基因在复制、发展、传播的过程中发生的改变既能促进文化的多元化发展,又会在一定程度上造成传统文化的缺失。

1.1.3　文化基因的功能与特征

文化基因决定了人类文化的传承,决定了人们对世界的认识与感知,对于人类社会的发展具有重要的功能与作用。

(1)文化基因控制着物质与非物质形态文化的传承与发展,并使一种文化拥有独特的、稳定的特质。

(2)文化基因决定了一个民族在文化上的归属感,也决定了民族的信念、习惯、价值观等,从而影响这个民族中每个人的普遍思维方式、心理结构和行为方式。

(3)文化基因作用于人的意志,影响人的思想与行为,从而影响一个国家或民族的前进速度和方向,甚至影响整个社会的走向。

与生物世界的遗传特征相比，文化基因的遗传过程更加复杂多变，受更多限制因素影响。文化基因拥有与生物基因相似的遗传、变异、选择等特性，但也有很多不同的特征，为了更好地理解文化基因，这里将它与生物基因特征进行比较如下。

（1）外在性。生物基因作用是体内遗传，而文化基因是在体外影响个体。个体受到外界文化环境的影响，使不同的文化特征得以在代际中传承保留。

（2）多样性。生物基因复制精度较高，一般会将父辈的特征较多地遗传下来。而文化基因在传承的过程中会受到多种因素的影响，产生多样性的变化与变异，这些变异造就了文化基因的生命力与多样性。

（3）多向性。生物基因只能由父辈单向遗传给子辈，而文化基因突破了这种限制，不再是特定个体之间的单向传递。一种文化基因可以在不同个体之间发生作用，多种文化基因也可以同时作用于单个个体。

（4）抽象性。生物基因是一种有形的物质，而文化基因是文化的无形载体，是抽象的非物质信息。

1.1.4　文化基因的分类

因地域、地理环境不同，人类文明可以划分为草原文明、大河文明和海洋文明。不同的地理环境产生不同的民族精神和民族特性，三种文明因而拥有不同的经济、政治、文化特征，孕育出了不同的文化基因体系。

目前针对文化基因分类方式主要有三种：第一，显性文化基因与隐性文化基因；第二，物质文化基因与非物质文化基因；第三，物质文化、行为方式与精神文化基因。笔者结合本书的研究本体，将文化基因分为意识形态构成类文化基因、生产生活方式类文化基因、外部表象构成类文化基因三种类型。三者之间既有不同，又存在一定的关系。

在横向空间与纵向时间上，文化基因也会随着时空变化而变化。横向来说，不同的国家与民族拥有不同的文化基因，同一国家的不同地域也拥有自己独特的文化基因；纵向来说，文化基因会随时间的推移而不断变化，同一地区在不同的时代也有着不同的文化基因。

1.2　海洋文化基因

滨海地区依托独特的自然与人文环境孕育出了多样的海洋文明。海洋文明作为人类文明的重要组成部分，拥有独特的文化基因及其体系。

1.2.1　世界海洋文明

　　海洋文明是人类历史上主要因特有的海洋文化而在经济发展、社会制度、思想、精神和艺术领域等方面领先于人类发展的社会文化。"海洋文明"发源于希腊，最早用于指称克里特岛上依赖海上商业、海盗劫掠和殖民征服起家的米诺斯文明（公元前 3000—前 1400 年）。公元前 1000—500 年，位于亚、非、欧三大洲之间的地中海贸易兴起，米诺斯文明及后继的迈锡尼文明中的海洋商业文明因素为希腊文明和罗马文明所继承。公元 500—1500 年的中世纪时期，北欧维京人创造了"海盗时代"。14 世纪，意大利的佛罗伦萨、威尼斯等城市共和国以海上贸易为立国基石，对古希腊海洋文明予以再发现，再认识和再创造。之后，海洋文明中心从地中海先后转移到大西洋沿岸的葡萄牙、西班牙、荷兰、英国、德国和美国。"发现新大陆"开启大航海时代，极大推进了世界一体化，加速了人类全球化进程，促使人类文明前所未有地快速变迁与发展。

1.2.2　中国海洋文化

　　中国海洋文化发展历史悠久，最早可以追溯到 7100 年前的河姆渡时期。几千年间中华民族对于海洋的探索从未停止，创造了辉煌的成就；在我国，旧石器时代的沿海地区已有人类活动，新石器时代遗址更是已经遍布沿海各地。我国古代开发海洋的指导思想是"籍海为活""以海为田"。《尚书·禹贡》中，就有关于大禹时代盐（图 1–1–a）、岛夷（图 1–1–b）、海上交通等的记录，并已有"海物唯错"的评价（图 1–1–c）。春秋战国时，北方的齐鲁文化、燕昭文化，南方的吴越文化已高度发展，鱼盐之利为富国之本，吃海用海已成为沿海农业经济区发展的一个基本方面，当时政治家、思想家对此已有专门论述。《管子》强调："利在海也"；《韩非子》强调："历心于山海而国家富"。秦汉后，沿海农业区更是迅速扩大。率土之滨、万里海疆所富有的渔盐之利，培育出齐、吴、越等古代地域文明中心，带来了沿海地区上千年的富庶发展。但是，全国政治中心长期聚于内陆以及重本抑末、重农抑商的传统，使得滨海资源历史上一直是内地黄土农业的补充。明清时期的禁海与开海，更是严重抑制了我国滨海城市的发展活力（图 1–2）。不同于西方滨海空间的商业性特点，我国古代滨海空间开发呈现出明显的农业性特点，始终未能产生像雅典、威尼斯、亚历山大那样临海的政治与商务中心城市。

　　20 世纪 90 年代之前，我国的滨海区域大部分被港区、工业区、养殖、海洋矿产开采等"生产型"产业占用。自 20 世纪 90 年代起，我国滨海区域的旅游、休闲、娱乐、商务、居住等"消费型"功能也逐步得到了人们的重视。新时代的中国正在继续弘扬优秀的海洋文化，塑造着具有中国文化基因特色的海洋文明。

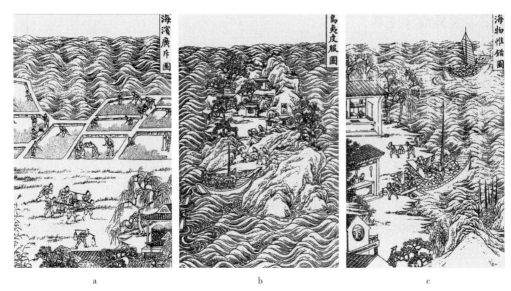

图1-1　《尚书·禹贡》所载夏代以前的山东海洋文化图例
（资料来源：参考文献[49]）

河姆渡时期 公元前7000年	人们住在海岸线附近，不断向海洋深处
商周时期	出现了更大的船舶，促进远洋航行的发展； 出现了海上贸易航线，是海上丝绸之路的萌芽
春秋战国	海洋经济得到了快速发展 齐国通过渔盐之利使国家经济快速发展
秦汉时期	海洋文化进一步发展，秦皇汉武多次东巡求仙问药 海洋的探索已受到统治者的重视； 星宿导航、水密隔仓等技术的进步为远洋航行提供保障， 海上贸易进入新的发展时期
春秋战国	海洋经济得到了快速发展 齐国通过渔盐之利使国家经济快速发展
三国两晋	战乱使海洋探索与海洋文化的发展陷入了停滞
唐朝	海上经济文化的繁荣，海上丝绸之路得以成熟迅猛发展 中国彻底打开了通向海洋的大门 人们将海上探索视为谋求发展的重要手段
宋朝	海上贸易产生巨大的经济利润 官方的航海方向和探索地区向印尼群岛、印度甚至是东非地区发展
元朝	航海技术提高，海岸天象与规律逐步认识与掌握 海外交通贸易的进一步发展
明朝	郑和下西洋标志着中国古代航海事业的最顶峰 明朝的海禁使中国航海事业萎靡不振
清朝	初期依旧实行严厉的海禁政策 康熙解除海禁后，中国的海洋文明才恢复了生机，但是却与西方的海 洋文明产生了较大的差距，使中国海权丧失，脱离了世界发展大势

图1-2　中国海洋文化发展过程

1.2.3 海洋文化基因特点

不同的海洋文明孕育了不同的海洋文化基因，形成了不同地区独特的历史文脉、人文风情、生活习俗、艺术风格、价值观念等。中国海洋文化基因是中国沿海人民不畏艰险，与海洋斗智斗勇中形成的智慧结晶，包含了独具特色的聚落形态与建筑样式、靠海吃海的生产与生活模式、勇于开拓的进取精神、源远流长的民风民俗、重渔重商的价值取向等。

1.3 山东海洋文化基因体系

山东滨海地区主要指胶东地区，又称胶东半岛地区或山东半岛地区。本书的研究范围主要涉及胶东地区的青岛、烟台、威海三市。该地区拥有 1800 多千米的海岸线，是山东海洋文化基因的主要载体，亦是中国海洋文明最重要的源头。

早在 7000 多年前，胶东半岛的先民便在海边繁衍生息，他们是最早驾驶独木舟闯荡大海，捕获外海鱼类的先行者。历经几千年的发展，孕育出多元的海洋文化基因并形成了独特的滨海聚落图景，并不断传承与发展至今（图 1-3）。基于此，本书将从意识形态构成类文化基因、生产生活方式类文化基因、外部表象构成类文化基因三种类型搭建山东滨海文化基因分类体系（表 1-3），以展开相应的研究。

山东滨海文化基因分类体系框架 表 1-3

	主类		亚类
山东滨海文化基因分类体系框架	内隐性基因	意识形态构成	历史文化、海洋文化、民族精神、文学艺术、其他
	外显性基因	生产生活方式	渔耕文化、农耕文化、旅游文化、交通文化、餐饮文化、民风民俗、其他
		外部表象构成	自然环境、乡村风貌、建筑文化、其他

公元前7000年	胶东半岛先民住在海岸线附近，不断向海洋深处探索。
新石器时代	胶东半岛存在从多贝丘遗址，说明当时该地区渔业水平十分发达，堪称中国海洋文明的滥觞。
前秦时期	渔盐业和航海业较为发达，开辟出通往朝鲜以及日本列岛的海上航线，在中国早期航海和对外海上交流方面发挥着重要作用。
秦朝	秦始皇三次东巡胶东半岛，命徐福数次组织大规模的海上求仙活动，并利用胶东半岛的港口大规模运粮到抗击匈奴的前线，此时胶东半岛的造船与航海技术已经具备了一定规模与相当高的水平。
汉魏六朝时期	汉武帝八次巡幸山东沿海，并数次组织大规模的海上寻仙活动，派楼船军从胶东半岛渡海击灭卫氏朝鲜；同时方士群体的海上探险活动逐渐活跃。这些促进了造船和航海业的发展、新航路的开辟以及与东亚诸国的海上交往以至海外移民。
三国两晋	战乱使海洋探索陷入了停滞，胶东半岛成为中外交流尤其是东亚海上交往的关键支撑。胶东半岛处于南北之交，海上要冲，饱尝战乱之苦，海上活动以迁徙和征战为主。
隋唐时期	胶东诸口岸蓬勃发展，往来使节、学问僧、留学生过往或留足胶东口岸络绎不绝，南北海上转口贸易、远洋贸易等海上贸易活动欣欣向荣。胶州诸口岸成为隋唐时代的东方海上门户。
宋朝	经济中心南移，胶东半岛发展受到限制，诸口岸呈现由盛转衰之势。半岛北岸的登莱口岸遭到封港，转化为海防前哨，南岸的板桥镇成为北方第一大港。
元朝	元朝胶东半岛的海上活动有两种，一是元初为东征日本提供军后勤保障，二是与高丽的海上贸易活动。元朝统治者还利用胶东沿海地域民众丰富的航海经验开展海洋探险活动，探索通往高丽和日本的边界航路。
明朝	明朝海疆受到倭寇侵扰，为此明政府构筑卫、所、营的海防体系；同时还推行极为严厉的海禁政策，使胶东半岛海洋事业遭受严重打击，渔盐等产业陷入低谷，海上商贸活动基本绝迹。直到明代后期海禁政策才有所松弛，胶东半岛地方经济才开始重现生机。
清朝	清朝立国之初，依旧实施严厉的海禁政策。后来逐步开放海禁。胶东半岛以其独特优越的地理位置和悠久的海洋传统，在开放海禁后，迅速恢复了生机，海上活动顿然活跃。南北商船络绎，中外交流频繁，出现了前所未有的繁荣局面。两次鸦片战争后，烟台和青岛先后开埠，引领着胶东半岛走向蓝色的现代海洋文明时代。

图1-3 胶东海洋文化发展历程

第 2 章
山东滨海乡村文化基因挖掘与特征研究

乡村不仅是一种空间系统，而且也是一种复杂的经济、社会、文化现象和社会发展过程，是在特定的地理环境和社会经济背景中人类活动与自然相互作用的综合结果。文化基因作用于村落形态的方方面面，为乡村环境赋予了独特的空间特色，造就了地方村落形态的多样化特征。

2.1 山东滨海乡村文化基因形成背景

2.1.1 区位分析

山东滨海乡村数量众多，从地理区位来看，主要集中分布在青岛和烟台地区，其中青岛即墨区、崂山区、黄岛区和烟台龙口市分布最为密集，威海文登区和荣成市次之。从地质环境来看，这些乡村主要集中分布在山脉和海岸地带，形成以崂山、昆嵛山和大泽山三大主要山脉以及莱州湾、渤海海峡和黄海三大主要海域组成的依山傍海的"U"形乡村汇聚带。

2.1.2 自然生态资源

原始的自然崇拜信仰万物有灵，把自然看作自身的一部分，这对人类聚居观念造成了一定影响。山东滨海乡村的聚落选址与其周边的自然环境同样有着密切的关系，如画的山海格局以及由山海精神契合成的乡村生产、生态、生活，顺应"天人合一"的理念，最终营造出了兼具自然生态和文化美学价值的乡村聚居环境。气象环境和水文特征与当地村民日常生活关联密切。

（1）气候环境
受海洋环境的影响，山东滨海地区较同纬度的内陆相比，整体气候温和，夏季无极酷暑天气，冬季也无极恶劣严寒天气，气温变化幅度不大。

其中青岛地处山东半岛东南部，东邻黄海，属半湿润温带季风气候，海洋性气候特点显著，"春迟、夏凉、秋爽、冬长"是青岛地区显著的气候特点。

烟台属暖温带大陆性季风气候，具有四季分明、雨水适中、空气湿润、气候温和的特点，可谓冬无严寒、夏无酷暑，各季气候独具特色。

威海地处中纬度，属北温带季风型大陆性气候，四季变化和季风进退都较明显。由于濒临黄海，受海洋的调节作用，表现出春冷、夏凉、秋暖、冬温，昼夜温差小、无霜期长、大风多和湿度大等气候特点。

（2）水文特征

山东地表水系发达，但省内的河流主要是依靠天然降水补给，河水流量的大小，受到年降水量的制约，也受降水在季节分配中的影响。

青岛共有大小河流 224 条，均为季风区雨源型，多为独立入海的山溪性小河。流域面积在 $100km^2$ 以上的较大河流 33 条，按照水系分为大沽河、北胶莱河以及沿海诸河流三大水系。

烟台市内中小河流众多，主要河流以绵亘东西的昆嵛山、牙山、艾山、罗山、大泽山所形成的"山东屋脊"为分水岭，南北分流入海。属季风区雨源型河流，具有河床比降大、源短流急、暴涨暴落的特点。

威海市河流属半岛边沿水系，与烟台同为季风区雨源型河流，同样具有河床比降大、源短流急、暴涨暴落等特点。

（3）地形地貌

山东滨海乡村地形地貌多样，以山地、平原为主，胶东半岛海岸带景观资源十分丰富，成就了半岛滨海乡村的优势和特色。该区域丘陵起伏，主要由花岗岩组成，最高峰崂山海拔1130m。海岸线曲折绵长，沿海岛屿罗列，滩涂广阔，港湾众多，自然风光秀丽。浩瀚的蓝色大海与平缓细软的沙滩、礁石林立的岩石滩、海雾缥缈的松树林，构成了美丽的暖温带海滨风光。

青岛以山地丘陵地貌为主，地势东高西低，南北两侧隆起，中间低凹。其沿海山地地貌主体主要由崂山和珠山中、低山丘陵构成。海岸线（含所属海岛岸线）总长为 905.2km，分为侵蚀后退岸、稳定岸、淤积增长岸等类型，伴随丰富海岸线的类型形成了滩涂、沙滩、岬角等丰富的海岸景观。

烟台地形为低山丘陵区，山丘起伏和缓，沟壑纵横交错。山地占总面积的 36.62%，平原占 20.78%。低山区位于市域中部，山体多为花岗岩；丘陵区分布于低山区周围及其延伸部分，海拔 100～300m，起伏和缓，连绵逶迤，山坡平缓，沟谷浅宽。

威海属起伏缓和、谷宽坡缓的波状丘陵区，地势中部高，山脉呈东西走向。山丘中谷地多开阔平谷；平原多为滨海平原和山前倾斜平原。其河网密布，河流畅通，北东南三面环海，属于港湾海岸，海岸线曲折，岬湾交错，多港湾和岛屿。

（4）滨海乡村自然生态景观

青岛滨海乡村的自然资源融合了山岳、海滩、海湾、海岛、河流、湿地、温泉、田园等多种类型。该地区海湾景观十分丰富，包括丁字湾、栲栳湾、鳌山湾、小岛湾、青山湾、太清湾、石老人湾、薛家岛湾、琅琊台湾等。还有众多的海岛景观，其中有居民居住的海岛7座，以田横岛群、灵山岛、大小管岛、大公岛、小公岛、竹岔岛等几个岛屿最为典型。除此之外，滨海山岳林地景观和田园乡野景观也各具特色，如像有着"亚洲第二大鹅卵石海滩"之称的青山渔村景观、崂山茶园景观等。

烟台地区滨海乡村的自然资源主要依托特色种植业形成的果园、自然水库和天然海水浴场等。如风景宜人，暗礁争险的桑岛，岛南金沙铺底是天然的海水浴场，也是小型船只停靠避风的好地方；岛北怪石嶙峋，自然形成八大景观，让"村在景中走，人在画中游"的理想变成了现实。

威海地区滨海乡村的自然资源以原生态的自然山林、山海风光、生物资源为特色。如著名的黑松林，既是为了防风固沙，同时又构成了特色的乡土植物景观。因其得天独厚的地理条件，每年都有成千上万只天鹅在威海荣成天鹅湖栖息过冬，具有很高的观赏和科研价值，同时也给当地渔村增添了生机活力，为当地旅游开发提供了基础。另外，威海海域还有丰富的鱼类资源和海洋养殖，形成了威海滨海乡村海洋渔业生产景观。

2.1.3　经济社会发展

近年来，胶东地区整体社会经济发展态势良好。受制于多山地形，胶东地区的传统农业并不发达，沿海地带渔村集中，主要经济收入来源是渔业养殖和农作物栽培等，借助于较好的滨海港口交通条件，经济活动活跃，海洋文化发达。

青岛市的社会经济位居山东地区前列，经济社会发展韧性和活力持续彰显，高质量发展取得新成效。其第三产业特别是旅游产业极大地促进了城乡协同发展。青岛乡村旅游发展整合山海生态资源，挖掘民俗文化内涵和传统文化优势，构成了青岛市乡村旅游业态的多样化。烟台市经济形势总体平稳，呈现稳中向好、进中提质的运行态势，具备特色鲜明的现代海洋产业体系，省级以上海洋牧场示范区43个，其中国家级18个，海洋牧场总面积130万亩[①]；乡村振兴全面推进，乡村旅游发展模式多样。威海市追求精致城市方向发展，近年来，不断探索"以农促旅，以旅强农"乡村旅游发展的新模式，悠久的山东历史孕育了丰富深厚的村落文明，以传承文化基因为主题的民俗文化乡村游贯穿了威海地区186个传统村落，蕴含人文精神和乡风文明的珍贵村落资源助力威海市形成乡村旅游多元发展格局，为乡村旅游赋予了更深层次的内涵。

---

① 　1 亩 ≈ 667m²

2.1.4　历史人文资源

胶东地区山海如画、风光秀丽、古迹众多，如"人间仙境"蓬莱，"道教圣地"崂山等，都是自然与人文资源完美结合的典范。青岛作为古丝绸之路海陆交汇点，人文资源丰富多样。齐鲁儒家文化、道教文化、海洋文化、琅琊台文化与舶来文化等多元文化在此碰撞、融合，形成了青岛所独有的跨文化基底。烟台作为中国古代早期文明的发祥地之一，创造了灿烂的史前文化，其人文资源背景主要以东夷文化、白石文化、蓬莱文化、秦皇汉武东巡文化、东方海上丝绸之路文化、明清海防文化等为代表。威海人文资源背景以秦汉文化、道教文化等为代表，有中国沿海地区规模最大、保存完整度最好的滨海原生态建筑群落"荣成海草房"，仅东楮岛内就有 8 个不同规模的村落被列为"中国传统民居村"，成为体验渔村生活和渔村文化的重要基地。

由于海边气候变化无常，捕鱼具有很高的风险，渔民的生命安全常常受到威胁，这就使得渔民希望得到"神明"的庇护，供奉龙王和妈祖就变成了山东滨海乡村传承千年的传统，形成了独特的渔乡文化。渔民在谷雨这天会举行传统的"祭海神"节，以此感谢海神赐予的丰厚鱼虾，祈求神灵保佑，出海平安，免除灾害。如今，祭海神节除了寄托传统的寓意，更是开展经济技术合作与交流的海洋博览会。除此之外，山东各地的乡土文化、民俗技艺等也以非物质文化遗产为载体，涵养着山东滨海乡村的文化生态。

2.2　山东滨海乡村文化基因的地域性挖掘

滨海乡村是指以一定地理区域为基础，以渔业生产及其他农业类生产活动为主要来源的社会区域共同体。山东沿海地区入选中国传统村落名录的共有 511 个，其大量的传统村落分布，具有极大的研究价值。其中滨海渔村是胶东地区最具代表性的乡村类型，它们既有广泛性，也有独特性，因特殊的自然地理环境、生产生活、聚落格局及特有的精神民俗文化和海洋文化，形成了独具特色的乡村景观风貌，具有丰富的旅游资源和开发潜质。乡土、乡情、乡俗、乡愁及其相关的文化基因，作为山东滨海"原乡"的表现内容，彰显了山东历史悠久的海洋文化特色，蕴藏着山东千百年来的和谐人居哲学。

2.2.1　诠释山东滨海乡村文化基因的记忆符号

胶东地区北临渤海，与辽东半岛相对；东临黄海，与朝鲜半岛和日本列岛隔海相望。以青岛的崂山、威海的昆嵛山以及烟台的艾山、牙山、大泽山和罗山为主要山脉符号，如画的山海环境给人以浮想联翩、变幻莫测之感，被古时帝王和道士尊崇为圣地。独特的山海自然生态基因历经几千多年的历史演变，同非物质文化基因与物质文化基因共生汇通，催生演绎出了"秦始皇东巡传说""八仙过海""蓬莱神话""海上仙山"等诸多历史场景和神话传说，成为山东乡村文化记忆的重要表征。即使物质象征的自然环境有所变化，蕴含其中千古不变的历史记忆仍是山东地区特有的文化基因符号。

如"海上仙山"崂山，已不单单是一座山、一处风景名胜区，更是青岛的文化基因符号。坐落于崂山中的乡村，受其文化浸染，呈现出鲜明的地域特色。乡村的民间文化与风俗大多与崂山的道教文化相关，当地的民间音乐也都突出了道教音乐与地方音乐相结合的特色。

再如"八仙过海""蓬莱神话"等传说业已成为烟台蓬莱的重要文化基因符号。自秦汉时期，秦始皇和汉武帝多次前往蓬莱巡幸、封禅及海上求仙，促成了蓬莱神话与方士道教的发展，唐宋金元时期，蓬莱已成为道教兴盛之地，海市蜃楼奇观和"八仙过海"的传说更是从元代自上而下流传至今。

除此之外，海草房也已成为威海著名的文化基因符号。具有 400 多年历史的海草房既是威海乡愁文化的寄托，也是当地文化基因保护利用的新载体。依托海草房这一特色传统民居形式，通过新业态、新功能、新文化的植入，使传统乡村不断激活出新的生机和活力。

2.2.2　形塑山东滨海乡村文化基因的空间呈现

乡村空间既是传承乡村文化基因的载体，也是彰显乡村文化基因的重要文化表征。山东滨海乡村往往海陆文化并举，村落大多背山面海，依山就势、临海而居，形成了独具特色的多元空间形态。山东滨海乡村的物理空间包括鱼骨形、网络形和树枝形的街巷脉络；散点式、街巷式、组团式、条纹式和图案式的村庄肌理；团聚式、均匀型和或线状或平行分布的景观格局。文化空间具有交往密切、兼容并蓄的特点。社会空间则包括独具特色的传统节日、风俗习惯等。"物理空间—文化空间—社会空间"又通过外部表象构成、生产生活方式与意识形态构成三大类文化基因因子进行呈现，进而凝聚成具有乡村文化记忆的空间结构。

①外部表象构成类空间，主要包括自然生态、聚落格局、村庄肌理、街巷脉络、传统民居、景观格局、典型建构筑物、史迹遗址等静态实体空间。山东滨海乡村包容广阔的场域场所，有山、海、林、田、沙滩等组成的自然生态类空间，海草房、石头房和房内火炕等组成的建筑文化类空间，历史遗迹、典型建构筑物、民俗场景等历史景观类空间，它们共同建构出彰显地域特色的乡村外部表象类文化基因，具有独特的民俗精神和文化价值。

②生产生活方式类空间，一切生产生活和乡村所构成的外部形式都需要在特定的场所发生。山东滨海乡村形成了独特的生产 — 生活类景观空间，包含果园种植、深海养殖、近海捕捞、滨海旅游、草编石雕等组成的渔业、农耕生产类空间。还有承载渔家谚谣、剪纸高跷、山东秧歌、渔家号子、胶州大鼓和坐腔扬琴等的民间艺术类空间；承载鲅鱼饺子、

蒸月糕、海鲜面和花饽饽等民间饮食文化以及渔民节、祭海节这些民间节庆等的民俗生活类空间，通过当地居民的传承和空间媒介的转述，整合呈现为山东滨海乡村的生产生活类文化基因。

③意识形态构成类空间，主要指承载包括信仰文化、神话传说、海上风俗、制度文化、历史文化等发生与活态传承的场域，它们从过去延续至今，形成了人们与地域性空间独有的交互体验，构筑了山东滨海乡村的意识形态类文化基因体系。

2.3　山东滨海乡村空间形态特征与文化基因特色

山东滨海乡村的形成与发展大多深受滨海区位与地理地貌影响，进而形成了各具特色的文化基因体系，本书将选取典型的滨海乡村展开相关研究，并将它们分为三大类，即滨海山地型乡村、滨海平原型乡村和海岛型乡村（表2-1）。

典型山东滨海乡村　　　　　　　　表2-1

地理区位	地貌类型	代表性村庄
青岛	滨海平原型	顾家岛
	滨海平原型	港东村
	滨海山地型	青山村
	滨海山地型	东麦窑村
	滨海平原型	鱼鸣嘴
	滨海山地型	雕龙嘴村
	滨海山地型	凉泉村
	滨海山地型	黄山村
	滨海山地型	东高家村
	滨海平原型	大尹家村
	滨海平原型	谭家夼村
	滨海平原型	黄泥巷村
	滨海平原型	墩上村
	滨海山地型	上沟村
	滨海平原型	雄崖所村
	滨海平原型	里栲栳村
	滨海平原型	周戈庄村
	海岛型	鸡鸣岛村
	海岛型	毛家沟村

续表

地理区位	地貌类型	代表性村庄
青岛	海岛型	斋堂岛村
	海岛型	上庵村
	海岛型	城子口村
	海岛型	田横岛
威海	滨海平原型	港南村
	滨海平原型	烟墩角
	滨海平原型	东墩村
	滨海平原型	东楮岛
烟台	滨海平原型	张家庄
	海岛型	北城村
	海岛型	花沟村
	海岛型	嵩前村
	海岛型	桑岛村
	海岛型	洪口村
	海岛型	马埠崖

　　青岛的滨海乡村自然及人文资源丰富，尤以滨海山地型的乡村最为著名，其乡村景观在山海格局、空间组合上具有鲜明的特点，海洋文化与乡村本土文化相融合，形成了青岛滨海乡村集开放性和多元性为一体的文化基因体系。烟台的滨海乡村在继承渔耕文明的情况下，妈祖文化氛围浓郁。在许多古朴的小渔村里，村民们用他们特有的声音——渔民号子，唱出了闯海渔家人的豪放和勇敢。威海的滨海乡村大多历史底蕴深厚，非遗文化聚集；同时也是山东地区海草房保留最完整的地域之一，极具代表性，是保护和发扬山东特色文化民居基因的重要区域。当地村民大多靠渔业养殖为生，乡村的码头总是十分热闹，满载而归的渔船随处可见（表2-2）。

2.3.1　滨海山地型乡村

　　胶东地区多丘陵山地，故山地村落居多，且综合胶东整体地形来看，山地地形主要集中在青岛一带。这些村落靠山近海，海产资源丰富，渔业发达，与渔文化相关联的民俗文化对乡村影响深远。

　　（1）选址与布局特点

　　滨海山地型乡村的选址往往会综合考虑山、海、港、湾、路等多种因素，充分利用有

山东滨海乡村特色及典型案例 表 2-2

地理区位	文化特征	地貌类型	典型案例	乡村特色
青岛	渔业生产独具特色 山地景观鲜明 本土文化与海洋文化交融 人文自然遗产分布众多	滨海山地型	黄山村	①背依崂山、面向大海；②山村依山错落而建；③农渔文化传承至今；④景色绮丽、自然、人文景观丰富。
		滨海山地型	雕龙嘴村	①"崂山茶叶之乡"；②山海相拥，奇峰突兀；③村庄遥望形似龙头；④主要发展农渔经济和特色旅游观光；⑤村西南的白云洞、棋盘石等均为著名景点。
		滨海山地型	青山村	①"国家级传统村落"；②背依崂山、面向大海；③山村均依山错落而建；④主打农家乐旅游和渔村饮食文化；⑤拥有"亚洲第二大鹅卵石海滩"。
		滨海平原型	雄崖所村	①"中国历史文化名村"；②青岛市级文物保护单位；③东临大海，西扼群峰；④历史悠久，雄崖古城遗迹犹存；⑤结合民俗和农业发展旅游。
		滨海平原型	周戈庄村	①第九批全国"一村一品"示范村镇；②2021年全国乡村特色产业亿元村；③拥有第二批国家级非物质文化遗产：田横祭海节；④以渔聚集，形成村落，海洋信仰犹存；⑤海参养殖成为特色产业。
		滨海平原型	里栲栳村	①地理位置独特，位于即墨最东端，与黄海交接；②平面呈西北－东南走向的丁字湾，可远眺田横诸岛和丁字湾跨海大桥；③村庄规模较大，靠海为生；④有"海商之源，传统渔村"之称；⑤兼具古村落和古建筑；⑥荷花塘等主题文化产品。
		海岛型	灵山岛	①地理位置独特，北与黄岛、青岛隔海相望，与薛家岛、竹岔岛、琅琊台等景区岛屿连成一线；②充分发挥靠海优势，开发现代产业，如"渔家宴"主题民宿等；③极具生态性，海岛林木覆盖率高；④空气清新，风景优美；⑤生态旅游业为发展中的支撑产业；⑥主打休闲度假和避暑疗养。
烟台	渔业生产独具特色 妈祖文化浓郁 渔家乐和民宿集群化发展 旅游开发效益动能不足	海岛型	马埠崖	①风景秀丽，可发展海岛旅游业；②主打"渔家乐"特色旅游项目；③陷马崖古迹遗址尚存。
		海岛型	桑岛村	①"第四批中国传统村落"；②"山东省省级传统村落"；③原生态小岛，山石海水资源优渥；④离东山景区很近，可观独特火山地貌；⑤建有渔耕文化陈列博物馆；⑥可发展"渔家乐"产业。
		海岛型	嵩前村	①两面靠山，北临月牙湾；②村庄顺山沿路呈条状聚落；③风景优美，可依托景点发展旅游业；④以海参养殖为特色产业；⑤打造特色"渔家乐"。
威海	渔业生产独具特色 历史文化丰富 非遗文化聚集 红色基地众多 农业旅游优质发展	滨海平原型	东楮岛村	①"首批中国传统村落"；②三面环海；③百年建村历史，历史遗迹和红色资源丰富；④海草房资源保留完整；⑤拥有天然码头和亭台阁楼。
		滨海平原型	烟墩角	①依山傍海，环境优美；②主打农业民俗游；③拥有亿年历史的花斑彩石；④越冬天鹅的栖息天堂；⑤崮山林区天然氧吧和红色防空洞基地。
		滨海平原型	港南村	①"第一批山东省乡村振兴示范村"；②"第二批山东省景区化村庄"；③山海相映，环境优美，生态资源优渥；④渔民文化和当地食俗传统丰富；⑤海草房传统民居资源有部分保留完好。

利的地形地势，改善和摒弃不利因素。这些乡村聚落依托绵延的海湾，沿山势蜿蜒起伏，布局模式因地制宜，灵活多样，出现了许多"龙形"，即"带形"布局的村落，总体上依山而建，沿山势散布。村落两翼一般有连绵的山丘围护，遮挡冬季寒冷的海风，成为村庄最好的屏障。

（2）空间形态与景观风貌

由于地形地貌的限制，地势起伏较大的区域不适宜居住，滨海山地型乡村多处于群山之间的山谷地带，以山脉作为保护屏障，呈现山环水抱的空间形态，山水格局藏风纳气。

滨海山地型乡村聚落空间布局主要以组团式和散点式为主，整体呈松散状态。当聚落位于山谷缓坡时，聚落空间为组团式布局形式。聚落空间分布与地形地势相呼应，聚落建筑分布也表现出与地形相契合的秩序感。如单体建筑通常平行于等高线或者垂直于等高线，因此，建筑整体朝向也随着等高线发生改变。由于地势起伏的不规律性，山地型聚落建筑整体朝向通常具有多个方向。当聚落周边自然环境相对复杂时，聚落空间为散点式布局形式。聚落建筑顺应复杂的地形环境，布局散乱且无规律，聚落的用地集约性较差。

滨海山地型乡村景观空间主要为点状分散式和点状半集聚式分布，山－海－村－田等相关要素互相依托形成特定的空间场所关系，成为乡村文化基因的主要载体（表2-3）。由于山地的影响，村落的道路坡度大，路网蜿蜒曲折，多为鱼骨状，且村落为自然形成、自然发展的聚落，所以小街两侧的房屋并非整齐划一，致使街道空间忽宽忽窄。大部分院落与小路间有一段高差，需要拾级而上，高高低低，形成错落有致的街道景观。而原始的特色民居多以山石为材料，所以海石房也成为山东滨海山地村落的一大特色。

除此之外，一些山东滨海山地型乡村还具有独特的红色文化底蕴，长久传承下来的革命情怀，使当地村民十分重视对革命遗迹的保护，几乎每处重要的革命旧址旁都会保留充足的开敞空间，是村民们进行集中活动的场地，也可供纪念和参观。

2.3.2　滨海平原型乡村

滨海平原型乡村多处于依山傍海且地势平坦的地带，烟台、威海一带居多，青岛次之。这些乡村一般选在自然环境条件较好的区域，拥有丰富的自然生态资源和历史人文资源，乡村的生产生活较为便捷，宜居宜业。由于空间布局受地形地貌影响较小，乡村聚落和街巷的规划设计更加规则，道路多呈方格网状。乡村聚落、建筑空间普遍整体秩序感较强，建筑布局多追求方正，建筑整体朝向基本一致，大多接近正南北方向布局。建筑行列之间排列整齐，以建筑围合的街巷空间宽敞平直，聚落南北向街道相对较宽，承载了聚落的大部分交通，东西方向的巷道相对较窄，是聚落居民的入户交通空间，街巷式的聚落建筑布局相对均质，具有强烈的秩序感。乡村的中心一般设有祠堂、庙宇或戏台等，以供村民日常娱乐和节日祭拜，

滨海山地型乡村空间形态与景观风貌分析 表2-3

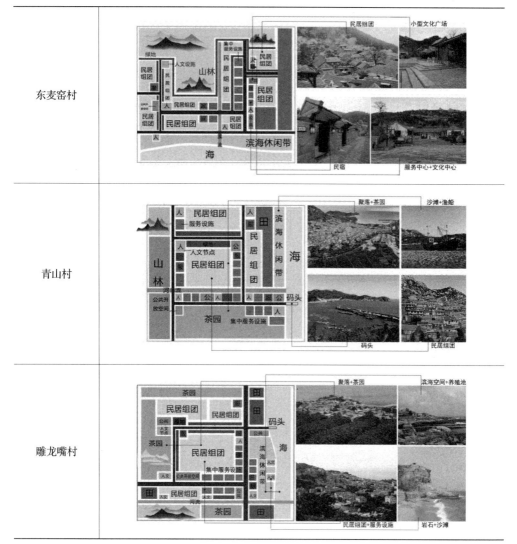

民间信仰、宗族制度和民间技艺在乡村内代代相传。山东的滨海平原型乡村以传统渔村为主，又以明代海防卫所类村落最具特色。

1.传统渔村

（1）选址与布局特点

传统渔村基本坐落在滨海平原之上，大多背山面海，生态资源本底较好。且村落选址大多靠近大路和大道，一是为了居民出行便利，二是方便渔业运输，更好地发展渔业生产。

传统渔村由于受到沿海气候条件的制约，日照需求和躲避台风往往成为民居布局和排列的主要考虑因素。村落布局因地制宜，随形就势，常利用不宜耕种的坡地建房，以节约土地，并取得与自然环境的和谐统一。空间层次，呈现"街道—巷道—院落"，"街道—院落"，"街道—巷道—夹道—院落"等多种空间布局形式。渔村的村口通常设置一个小型广场，一般是从以前的"龙王庙"、祠堂前广场发展而来，又以该广场作为中心轴线，两侧布置民居，形成街巷脉络。

（2）空间形态与景观风貌

山东传统渔村的整体风貌给人以素朴祥和厚重别致之感。多面向海面布置，房屋朝向也决定了建筑单元的布置和村落街巷的格局，村内民居风貌统一。这些乡村多以石材作为房屋墙体的主要材料，坚固耐用又适于抵御海风海浪的侵袭。建筑设计以防风和屋面排水为主要因素考虑，从而形成建筑进深较短，屋面起伏较大的住宅形式，屋顶的正面轮廓呈现成舒展柔和的船形曲线，当地居民将其称之为"元宝房"。海带草是山东渔民习用的一种天然建筑材料，被用来作为屋面覆盖材料。传统的渔村以渔业为支柱，经济并不是十分发达，也恰恰是由于经济发展缓慢，这些典型的渔村乡土景观才得以保留（表2-4）。

传统渔村型乡村景观形态要素 　　　　　　　　　　　　　表2-4

组成要素		要素解析	要素图解
地形		①以丘陵为主，且沿海空间占的比重较大； ②具有"山之海"与"海之山"交融的特色。	 港东村局部航拍图
建筑	建筑设计	①民居建筑进深较小，开间较大； ②院墙正中设门楼，大门方向一般随街道走向而定； ③入口的门头作细部处理，一些墙体石材作凹凸变化； ④一般将堂屋设在正房中部，堂屋两侧布置卧室。	 烟墩角民居建筑门头 门头的细部处理和墙体的凹凸变化

续表

组成要素		要素解析	要素图解
建筑	建筑材料	传统的建筑材料主要以海草、麦秸草、泥土和石头为主。	 传统民居的建筑山墙立面
	建筑装饰	①与海洋文化、海洋崇拜密切联系，其装饰题材大多与鱼、龙、虾、水兽等相关； ②有信仰鱼图腾与龙图腾的习俗，出现龙图腾和龙纹式样装饰。	 屋顶装饰
	建筑色彩	①多以清淡色彩和冷色调为主基调，后随着发展也沿用北方建筑红瓦片作为屋顶色彩主基调； ②大面积色彩主要以白、淡黄、青灰、浅棕色为主，小部分装饰会用鲜艳色彩做点缀； ③一部分偏于黑褐色，崇黑的色彩处理方式是民居中"尚海"的表现。	 海草房窗户色彩点缀
	院落组合	①渔村院落组合形式多以二合院、三合院为主； ②各个院落之间既可以独立分开，又可以排列成行，建设随意自然； ③院落既有整齐一律的美感，又有散落随意的韵味，构成了村落错落有致、延绵不绝的景色。	 东楮岛村院落组合形式 青山渔村村落景观风貌
植物	植物特点	①植物种类丰富，抗风沙、抗盐碱性成林树种居多； ②观赏类树种以火炬树、桑、银杏和柽柳居多，季相变化丰富；③各地也保留有珍贵名木古树等。	 住宅周边的松柏类植物

续表

组成要素		要素解析	要素图解
植物景观	植物营造	主要有由藻类和海草类组成的海洋植物景观、松柏类形成的大面积防护林景观、果树组成的经济林木景观、银杏和国槐等组成的珍贵树木景观和村落植物景观。	 屋檐旁的老树 村落植物景观
人文景观	民俗文化	主要有宗教文化、海神和妈祖信仰文化；庙宇和雕像遗址、祭海节、渔灯节以及石雕、剪纸艺术等。	 祭海节 屋顶上的石雕
	渔业生产	主要集中在码头、渔业养殖捕捞区和渔船形成地域特色风景。	 渔村码头出海捕捞
	乡间生活	主要有渔民性格的基因传承、地方语言、渔家号子和特色歌舞等。	 渔家号子归航雕塑群

以海为生的渔民把自己对于"海文化"的信仰、喜好和审美情趣，用现实和象征的手法反映和融会到建筑中去，从而使聚落民居景观表现出鲜明的个性和地方特征。传统渔村往往都供奉着妈祖雕像，为祀奉妈祖而建立的海神庙，是每一个村落最重要的公共建筑。海神庙建筑布局一般为三合院，院正中设有祭台和香炉，充分体现出海神庙的宗教祭祀功能。庙内装饰以海洋生物为主，充满着"海文化"装饰气息。它们大多位于村落自发形成的"广场"中央，这些广场平面基本为矩形，面积不大，是进行海神祭祀的地方。如今村中的集会、交通、娱乐通常也都在这里进行，小广场在村民的生活中起着举足轻重的作用。

2. 海防卫所

（1）选址与布局特点

出于明朝卫所建制时的防卫需求，大部分海防卫所型村落都具有依高、据险、控海、通达等防御性的特点。这些村庄多处于古驿道、官道便利之处，方便支援与联系。多数村落在选址时会充分考察周边环境，多选择满足充足日照的区域，利于耕种，且地势相对较高，不仅体现抵御倭寇、稳定海域安全的军事要塞的特点，也满足屯田城郭、能够预防洪涝灾害侵袭的要求。

山东半岛卫所选址深受传统中国哲学"天人合一"思想的影响，卫所平面形态呈方形、方形变形和不规则形。空间布局结构严整、区划均匀、布置有序。街巷体系大多顺应地形，方便集结兵力和运输物资，主次分明，四通八达，各司其职，形成了既利于防守又通达宜居的村落环境。

（2）空间形态特征

海防卫所型村庄最初是为了满足官兵和村民的防御、居住等需求，但随着卫所被裁撤，村庄单一的防御功能已不能满足村民日常生产、生活的要求，经过一代代的功能叠加和空间要素整合，最终形成了乡村多元的空间形态（表2-5）。

海防卫所型乡村空间形态要素　　　　　　　　　　表2-5

组成要素	要素分析	要素图解
自然环境	①充分考虑周边区域的地形、水系、植被等要素； ②顺应自然，趋利避害。	 理想的传统村落选址

续表

组成要素		要素分析	要素图解
生产空间		①生产空间主要由田地及沿海养殖场构成；②基本田围绕着村落周边分布，地势平坦开阔；宅间田则分布在村落内部，紧邻宅园、大小不一；③沿海养殖场主要沿山东地区海岸线分布，零星散落在各个沿海的村落周边海域。	 雄崖所村的局部田地情况 雄崖所村的局部沿海养殖情况
生活空间	民居类型	主要有传统民居、当代民居、现代民居、特色民居和危劣民居五种类型。	 雄崖所村传统民居
	院落布局	①深受"儒家礼制"思想的影响；②院落通常布置讲究，拥有较强围合感，多以建筑、晒谷坪与围墙四方围合而成；③主要由正房、厢房、附属用房、晒谷坪、围墙和正门六部分组成。	 雄崖所村的院落布局
	街巷空间	①受古代礼制制度影响；②路网的基本骨架多以田字形为主；③局部路网主要有十字形、网格形和混合型三种类型。	 雄崖所村路网分布

组成要素		要素分析	要素图解
海防空间		主要包括城墙、护城河、城门楼、墩、堡等。	 雄崖所村古城门
历史人文空间	军事用地	古代主要用于操练、检阅军队，如点将台，现存较少。	
	祭祀建筑	主要以家庙、祠堂为主。	
	庙宇建筑	①该类建筑多因村民长期从事渔业捕捞和海洋信仰而建，代表着人们的美好愿望； ②主要以龙王庙和天后宫为主。	 雄崖所村玉皇庙
	集市文化	①集市文化历史久远，由原住民进行村内交易形成； ②集市是村民进行粮食、蔬菜、牲畜以及生活用品交易的公共空间。	 雄崖所村集市所在地

2.3.3 海岛型乡村

海岛是与大陆分离且被海水四面包围形成的一个相对特殊的封闭区域。海岛型村落因其特殊的地理环境，平添了许多神秘色彩，神话传说和海上风俗等文化基因颇具特色。

（1）选址与布局特点

山东滨海地区的海岛普遍面积较小，使得乡村选址比较局限，多选址在岛上相对平坦且临海的区域。村落大多呈块状或带状分布，以海岛环路串联各个乡村，也有部分村落的民居建筑呈现"大集中，小分散"的布局特点，以一个主要的岛屿村落为中心，其周边分散布置着零星居民点。

（2）空间形态与景观风貌

岛陆隔绝的性质造成了岛上村落的自然生态环境、人文景观风貌、空间布局形态等与陆地乡村存在明显的差异。从空间分布规律来看，胶东地区海岛多处于近岸海域，主要以基岩岛为主，而整体形态多呈现明显的链状特征，以一个面积稍大的海岛为中心，四周天然小岛环拱而成。海岛的海岸地貌多样，主要有海蚀平台、海蚀崖、海蚀洞穴、海蚀柱、砾石滩堤等。岛屿植被丰富，景观奇特，形态各异，海天交映，山岛争辉。

基于此，海岛上不仅形成了特色渔家文化，还遗留了诸多历史遗迹。如威海刘公岛上的清朝北洋水师提督衙门，青岛田横岛五百义士墓等。除此之外，还有"海上仙山""海神林默娘""皇家养马岛"等优美动人的传说故事。秀丽的"山、海、岛"风光与人文古迹和历史故事相互依存，形成了海岛型乡村独特的文化基因（表 2-6）。

海岛型乡村景观形态要素　　　　　　　　　　表 2-6

组成要素		要素解析	要素图解
地形		①山脉贯通,屹立海域之间,多岛礁、沙滩和岬湾; ②地形多复杂多变,可形成奇特的地质景观。	 养马岛航拍图 灵山岛鸟瞰
气候		大多属温带季风气候,总体表现出春冷、夏凉、秋暖、冬温的特点。	
建筑	建筑材料	传统的建筑材料主要以贝壳、海草、红瓦和石头为主。	 灵山岛贝壳楼的屋檐
	建筑色彩	①多以红色作为第五立面色彩; ②墙体大面积色彩主要以白、淡黄、青灰为主,小部分装饰会用鲜艳色彩做点缀。	 崆峒岛的红瓦绿树 斋堂岛现代民居

续表

组成要素		要素解析	要素图解
生物	陆上植被	①植物组成多元分布,不同类型的土壤生长着不同的植物群落; ②多以木本植物为主,乔木树种主干低矮,多呈"旗形"树冠,自然次生植被主要是灌丛。	 崆峒岛"旗形"植物群
	海洋生物	①主要有由海带、裙带菜和石花菜形成的藻类组成的海洋植物景观; ②以刺参、紫石房蛤和梭子蟹为主形成的海洋动物景观。	 石花菜 刺参
人文景观	历史遗迹	主要包括年代久远的防御设施和运输码头以及抗战时期的战争遗址和殖民时期的欧式建筑等。	 田横岛五百义士墓 刘公岛英人别墅

续表

组成要素		要素解析	要素图解
人文景观	渔业生产	主要包括大面积海域养殖、浅海捕捞和潮间带养殖等。	 进行浅海作业的渔民
	港口运输	主要集中在码头、航线航运和海上旅游运输形成岛上特色景观。	 码头观光运输
	神话传说	主要包括带有神话色彩的遗迹和传承下来的神话故事等。	 斋堂岛"哭坟"传说遗迹

2.3.4　山东滨海乡村文化基因特色

山东滨海地区独特的自然环境、地理地貌、人文历史等塑造了滨海平原型乡村、滨海山地型乡村和海岛型乡村地域化的文化基因体系，它们既有共性又有个性（图2-1）。

海防卫所类村落主要受卫所制度影响，兼顾风水文化、儒家文化、宗族文化、宗教文化、民间信仰和海洋文化等六种重要的二级文化基因影响因子；传统渔村类村落主要受渔业生产文化影响，兼顾宗教文化、风水文化、民间信仰、历史遗迹、建筑文化、隐逸文化和海洋文化等七种重要的二级文化基因影响因子；海岛型乡村主要受自然生态环境影响，兼顾齐文化、渔家文化、神话传说、信仰文化、历史遗迹、炮台文化和海洋文化等七种重要的二级文化基因影响因子；滨海山地型乡村主要由聚落格局影响，兼顾自然生态、制度文化、信仰文化、渔业生产文化、历史遗迹、农耕生产和景观格局等七种重要的二级文化基因影响因子（表2-7）。

文化基因影响下的山东滨海乡村风貌特征 表2-7

一级影响因子	二级影响因子	乡村类型		典型村落	乡村风貌特征
卫所制度	风水文化	海防卫所	滨海平原型	雄崖所村	建筑中轴对称分布；村落布局严整有序；街巷空间强调制度；历史景观风韵犹存。
	儒家文化			鳌山卫村	
	宗族文化			靖海卫村	
	宗教文化			宁津所村	
	民间信仰			寻山所村	
	海洋文化			大山所村	
渔业生产	宗教文化	传统渔村		港东村	住宅形式错落有致；村落布局随形就势；建筑选材因地制宜；文化景观内涵深厚。
	风水文化			周戈庄村	
	民间信仰			里栲栳村	
	历史遗迹			东楮岛村	
	建筑文化			烟墩角村	
	隐逸文化			小渔村	
	海洋文化			俚岛村	
自然生态	齐文化	海岛型		田横岛	岛陆隔绝神秘静寂；自然地质景观独特；建筑形式风格各异；历史人文景观悠久。
	渔家文化			斋堂岛	
	神话传说				
	信仰文化			灵山岛	
	历史遗迹			崆峒岛	
	炮台文化			刘公岛	
	海洋文化			养马岛	
聚落格局	自然生态	滨海山地型		庵夼村	村庄布局顺势灵活；居住空间组团布置；人文节点分布密集；山水景色秀丽多变。
	制度文化			雕龙嘴村	
	信仰文化			东麦窑村	
	渔业生产			凉泉村	
	历史遗迹			东高家村	
	农耕生产			宅科村	
	景观格局			黄山村	

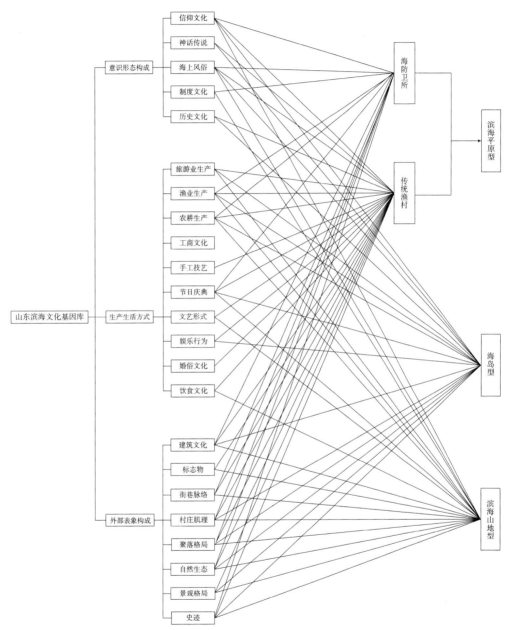

图 2-1　山东文化基因影响下的乡村类型

第 3 章
山东滨海乡村空间的文化基因表达

乡村是一个不断发展、演变的社会经济文化物质实体，文化基因表现在乡村空间组织模式和文化表征之中，为进一步探求文化基因传承与乡村营造策略，需要厘清文化基因和乡村空间实体的相互关系。

3.1 文化基因与乡村空间实体

3.1.1 乡村空间的强地缘关系

地缘关系作为人的社会关系的一种，代表着乡村内部人与人之间、人与空间之间日久而成的一种密切联系。乡村聚落空间作为凝聚族群的空间载体，具有极强的地缘关系。乡村是典型的"熟人模式"，其用地关系、道路和建筑权益等相对稳定，管理者与村民等各种利益关系较为分明，强地缘关系也使得村民的生活、生产行为与乡村空间密切相关。

3.1.2 文化基因的实体化

实体化景观是文化基因在乡村中得以展现的最好载体，总体上有两种模式：一是文化景观完整形态的保护与活化，乡村往往拥有着比城市更深的文化底蕴，村庄的布局、肌理、聚落形式以及地域风貌等，展现了乡村文化基因体系的地域性与独特性，将乡村传统聚落和历史文化遗迹这些实体化景观体系进行科学保护与活化利用是文化基因传承的需要；二是文化景观的优化、植入与当代转译，乡村空间具有历时性又具有共时性，理性的文化基因挖掘与研究，有助于厘清滨海乡村更新实践的功能需求与建设尺度，并结合地域性和时代性的双重视角，使有限的人力、物力发挥更大的效益，基于文化基因的视角更好地促进滨海乡村空间布局、功能分区、景观结构和人地关系的优化与可持续发展。

3.1.3　文化基因与乡村空间呈现形神兼备的联系

乡村空间的强地缘关系和文化基因的实体化需求使得乡村空间与文化基因的协同研究具有重要的理论价值与实践意义，摸得着的乡村空间和摸不着的文化基因相互作用，立体和丰富了乡村空间的文化属性。乡村空间与文化基因的联结应基于健康的乡村空间本体和丰富的乡村文化脉络。山东滨海地区的乡村，因地形地貌特征分为平原型、山地型和海岛型，这些乡村拥有着显著的布局肌理特征，展现着不同的文化基因基底。形神兼备是指不仅要引导符合地域特色的实体文化景观的持续优化与发展，还要借助空间载体将更深层次的村民精神与乡村文化传承与活化。

3.2　山东滨海乡村空间适宜性分析及样本重分类

乡村空间适宜性分析是进入到物质空间的乡村空间研究的基础，文化基因需要借助乡村实体展示出来，因其所处的地理位置和生态格局的不同，对营造手段也提出不同的要求，本章将在第 2 章对典型的山东滨海乡村样本筛选的基础上，结合乡村空间适宜性分析结果对山东滨海乡村样本进行重新分类研究。

3.2.1　山东滨海乡村空间适宜性研究方法

为探索科学地区分乡村空间适宜性的定量评估方法，采用 MCR 模型对胶东地区整体的乡村空间进行评估，将胶东地区的土地分为两种用途，一种为适宜生态保护的用地，另一种是适宜开发建设的用地。选择生态和建设两个扩张范围作为空间适宜性分析的关键，原因是在扩张的过程中各阻力对生态和建设有不同的作用，对生态扩张的阻力越大越适宜建设，对建设扩张的阻力越大越适宜保护。

研究用基础数据主要包括：胶东区域 GDEMV3 30M 分辨率数字高程数据（https：//www.gscloud.cn/search）；Landsat 8 OLI_TIRS 卫星遥感波段图（https：//www.gscloud.cn/search）；胶东区域水系、道路等基础地理信息数据（https：//www.webmap.cn/ main.do?method=index）；胶东区域旅游村名录。

首先，基于监督分类与目视解译等方法将 Landsat 影像进行预处理，然后将青岛市土地分为林地、草地、水体、湿地、耕地、建设用地及未利用地六类，获得栅格大小为 30m×30m 的土地利用分类，为接下来的分析做准备。

3.2.2　山东滨海乡村空间适宜性分析过程

1."源"的提取

"源"是指那些能结合自身要素输出为景观的空间类型，通过综合相关文献，选择土地利用类型中的林地、湿地、水体作为生态的保护和扩张源地，以此为标准提取的选取，可以确保提取出胶东地区生态影响程度和价值最高的源地，以这些源地为出发点进行扩张的分析，可以对乡村建设手段进行一些限制，把握设计尺度。同时以胶东区域的建设用地为建设扩张的源地，与生态源互为两种源地。

2.阻力面的构建

（1）阻力面指标因子建立及评价依据

通过对文献的整理，选择了可以给景观发展和演变带来阻止或延缓的效果的阻力因素，分别为高程、坡度、地形、距离水域位置、村庄密度、距离道路位置和距离旅游村的位置，具体原因如表3-1所示。

阻力因子　　　　　　　　　　　　　　　　　　　　　　　　　表3-1

因子	原因
高程	高程越高时，生态和自然物种生存环境较为稳定，反之不容易扩展阻力越大。
坡度	用于表示地表的陡峭程度，坡度越大对于土地的挑战性更大，要面临如水土流失等问题的产生，所以其坡度越陡，对生态扩张的阻力越大前者比后者稍为重要。
用地类型	来源于遥感破译结果，土地利用类型中越接近生态的用地越容易扩张，如水域湿地林地等，所以赋值越小，反之赋值越大。
距离水域位置	通过多换缓冲区对距离进行分类，远离水域、靠近道路都会使生态扩张越困难。
距离道路位置	
村庄密度	由GIS点密度进行计算，密度越高，人类活动轨迹越密集，生态扩张越困难。
距旅游村距离	数据来源于青岛、烟台和威海的旅游村名录，对网站展示的旅游村名录进行梳理和坐标的输入，导入到GIS并运用多环缓冲区功能划分离旅游村的距离，越靠近旅游村庄则人类活动强度越大，对生态生存和发展越不利，因此阻力值也越大。

（2）阻力面体系建立

通过构造成对比较矩阵，针对两个因素之间的重要性进行对比，通过专家打分和文献搜集等形式，采用1~5尺度的数字表示，分别表示相同、稍微、比较、较强、极其重要，对所选因子进行相对重要性两两比对。

经过一致性检验，得到阻力因子的权重表（表3-2）：

七大阻力因子相对重要性分析　　　　　　表 3-2

高程	坡度	用地类型	距离水域的位置	村庄点密度	距离道路的位置	距离旅游村的位置	综合权重数
1	1	0.5	2	2	1	2	0.155
1	1	0.333	0.5	3	0.5	2	0.115
2	3	1	2	5	2	4	0.307
0.5	2	0.5	1	2	1	0.5	0.115
0.5	0.333	0.2	0.5	1	0.333	0.333	0.052
1	2	0.5	1	3	1	0.5	0.135
0.5	0.5	0.25	2	3	2	1	0.122

本书在评价指标的阻力值时，分别用 1、2、3、4、5 来表示阻力大小，生态扩张与建设扩张的阻力值赋值互为相反（表 3-3）。

阻力面评价体系　　　　　　表 3-3

赋值		自然阻力因子				社会阻力因子			
生态扩张	建设扩张	高程	坡度	用地类型	距离水域的位置	村庄密度	距离道路的位置		距离旅游村的位置
							距离铁路距离	距离公路距离	
1	5	中低山	0~3	水域、湿地	0~300	0~3	>2000	>1200	>2000
2	4	高丘陵	3~8	林地	≥300~600	3~7	1500~2000	900~1200	1500~2000
3	3	低丘陵	8~15	草地	≥600~900	7~11	1000~1500	600~900	1000~1500
4	2	台地	15~25	未利用地	≥900~1200	11~16	500~1000	300~600	500~1000
5	1	平原	>25	建设用地	≥1200	16~38	<500	<300	<500
权重		0.155	0.115	0.307	0.115	0.052	0.135		0.122

（3）阻力基面生成

根据已确定的胶东地区的生态和建设源地的分布及阻力指标体系，对已有的高程、坡度、用地类型进行重新赋值。建设用地扩张时的基面图与生态扩张时相反，为后面的最小累计阻力计算做好准备工作。

3. 最小累积阻力表面生成最小累积阻力计算

（1）胶东地区生态和建设源地扩张阻力基面

利用 AcrGIS 10.7 的栅格计算器结合权重计算所有阻力因子对于生态源、建设源扩张的阻力基面。

数值越大代表扩张的阻力越大，从而分析得出生态扩张阻力高值集中在市区及各县级市的城市中心，阻力值较低的地区围绕胶东地区沿海地区及山地区域。反之则是建设源的阻力结果。

（2）最小累积阻力表面生成

通过 ArcGIS 10.7 软件的成本距离模块分别计算出胶东地区生态源地和建设源地扩张的最小累积阻力表面。

生态源地的最小累计阻力值分布在胶东沿海地区，尤其从青岛至烟台的海岸线区域，有非常明显的阻力组团。有一部分原因为胶东地区沿海区域既有滨海的地域特质，又有起伏的丘陵山脉，这些区域极具生态代表性。还有一部分原因是生态阻力较小的区域乡村以山地型和海岛型为主，开发程度不如平原型乡村，对生态还未构成很大的消极阻力影响。

胶东区域的建设阻力比较分散，大部分都处在一个较低的阻力值区间，也正符合胶东区域全面发展的战略布局，建设阻力较大的区域基本是生态源地所处区域，这与胶东地区生态保护是分不开的。但较低的建设阻力值也说明当前胶东地区的城市发展还依旧处于扩张态势，道路及基础设施的建设越来越深入到生态源地中，这就需要警惕城市化对于乡村及生态的干扰。

3.2.3 山东滨海乡村空间适宜性分析结果

为了得到山东滨海乡村空间的适宜性评价，比较栅格化的单一用地单元的阻力大小，依据公式如下：

$$F_{MCR\,差值} = F_{MCR\,生态} - F_{MCR\,建设} \qquad (1)$$

式中：$F_{MCR\,生态}$ 指的是胶东地区生态扩张累计最小阻力，$F_{MCR\,建设}$ 为胶东地区建设扩张的累计最小阻力，按照两者的差值，对山东滨海空间适宜性进行划分，依据如表 3-4 所示。

山东滨海乡村空间适宜性分区结果　　　　　　　　　　　表 3-4

生态建设适宜性分区	生态适宜性分区	像素值区间
适宜生态用地	生态保护区（绿色）	−38460.3 ~ −8680.7
	禁止开发区（黄色）	−8680.7 ~ 0
适宜建设用地	限制开发区（橙色）	0 ~ 2247.6
	优化建设区（褐色）	4943.4 ~ 9351.1
	适宜建设区（粉色）	9351.1 ~ 31207.7

通过 MCR 模型分析和文献参考，可将山东滨海乡村空间适宜性分区分为五大类，分别为差值低于 0 的生态保护区、禁止开发区和差值高于 0 的限制开发区、优化建设区、适宜建设区。

　　山东滨海乡村空间适宜性模型的构建，最终需要指导乡村文化基因运用的手段。生态保护区是生态源地聚集区，生态资源宝贵，是生态发展最优区域；禁止开发区的建设阻力也很大，一般依附于禁止开发区周围，都应避免建设行为；限制开发区刚过生态保护界限，可以在限制的范围内进行适当的开发，还需服务于生态；优化建设区处于自然生态到建设用地的过渡，需防范城市化困扰；适宜建设区以城镇和平原型乡村居多，没有过多的开发限制。

3.2.4　基于空间适宜性的样本重分类

　　由于海岛的面积较小，不适用于计算所用栅格，所以在分类中将海岛排除，后期单独分析，其余乡村按照适宜性分析结果进行划分，结果如表 3-5 所示。

样本重分类表　　　　　　　　　　　　表 3-5

空间适宜性分布	村名		地貌类型
生态保护区（绿色）	雕龙嘴村	半岛	滨海山地
	青山渔村	半岛	滨海山地
	凉泉村	半岛	滨海山地
禁止开发区（黄色）	黄山村	半岛	滨海山地
	顾家岛	半岛	滨海平原
	鱼鸣嘴	半岛	滨海平原
	东麦窑村	半岛	滨海山地
限制开发区（橙色）	东高家村	半岛	滨海山地
	上沟村	半岛	滨海山地
	雄崖所村	半岛	滨海平原
	东楮岛村	半岛	滨海平原
	烟墩角	半岛	滨海平原
优化建设区（褐色）	港东村	半岛	滨海平原
	里栲栳村	半岛	滨海平原
	大尹家村	半岛	滨海平原
	黄泥巷村	半岛	滨海平原
	墩上村	半岛	滨海平原
	周戈庄村	半岛	滨海平原
	张家庄	半岛	滨海平原
适宜建设区（粉色）	港南村	半岛	滨海平原
	东墩村	半岛	滨海平原

3.3 山东滨海乡村空间外部表象构成

3.3.1 滨海山地型乡村空间外部表象构成

1.聚落与自然景观特征

滨海山地型最主要的两个自然特征为滨海和山地，其中起决定性作用的特征是山地。胶东尤其是青岛范围的山地聚集着大量乡村，它们共享着山地资源，凝聚着山地文脉，慢慢形成稳定的乡村格局。

（1）山—村关系

山体是聚落选址和扩张的首选场所，比如北京城正是从太行山脚建设起来，呈现三面环山的景象。在滨海山地型乡村聚落的选址中，山地空间是最重要的因素，因为乡村的建设直接接触山体，其地形与走势都影响着乡村聚落的选择，将胶东地区山地型乡村进行梳理，山与村的关系大体分为以下三种形式（表3-6）。

山与村的关系　　　　　　　　　　表3-6

一面环山	
滨海山地的大部分乡村为一面环山，背对山体而居，一般处于平缓和高差较为适宜的山坡之上。乡村选址在这是相对稳定的，视野范围空旷，受山体限制较小。建筑扎根山坡一侧，便于掌握山体走势。	 一面环山
多面环山	
多面环山型一般呈狭长带状分布，受周围山体挤压，只能往指定方向延伸和发展。处在高山之间会给人一种自然环境的压迫感，乡村呈现着从窄逐渐走向宽的视野。多面环山可以形成良好的自然环境和小气候，是常见的乡村聚落选址。	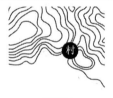 多面环山
山体包围	
山体的聚落选址往往是由所需资源决定的，乡村处于山体之上，被山体和林地环绕，易于进行生产活动。但这部分的乡村处于较封闭且不稳定的环境，需要面对自然挑战。	 山体包围-山坳　　山体包围-山谷　　山体包围-山脊

（2）海—村关系

滨海是胶东地区乡村共有的特色，山地型乡村与海的关系分为两种：一面临海和被海包围（图3-1）。

一面临海是常见的乡村与水体的布局模式。乡村聚落会选在与海水有充分缓冲区域的山体上建置，胶东临海的山体体量巨大，使得大部分乡村聚落面对海水都是一面临海的关系，这种关系水体流动偏向稳定，弯曲的岸线已经消减了动态海水的速度。

图 3-1　海与村的关系

被海包围的乡村与水体关系多出现在青岛崂山滨海岸线突出的区域，乡村多以渔业为主要产业，这种类型的海村关系水体与村民生活密切相关，对良好的水环境需求较大，同时需要应对海洋带来的挑战。

2. 整体风貌特征与乡村空间格局

（1）聚落形态特征

滨海山地型乡村受山地影响，呈现不同的形态，因此将胶东地区常见的滨海山地型乡村形态总结为山地散点、沿山带状及团聚块状三种类型（表3-7）。

山东滨海山地型乡村聚落形态特征　　　　　表 3-7

形态模式	特征描述	结构示意	乡村聚落图示	
山地散点	受地形限制，呈零散形式分布，与环境的融合度较高，但基础功能设施服务范围和聚落联系性较差。		上沟村	
沿山带状	沿着山体布局的聚落形态是滨海山地型乡村常见形式，常出现在山谷和山脊处，受山地地形走势影响，聚落格局较为脆弱。		东麦窑村	
团聚块状	依托于较为有序的棋盘路网，建筑布局内部功能清晰、集中，资源利用率高，但由于集约发展，外部与周围融合性较差。		雕龙嘴村	

（2）道路形态特征

伴随着乡村基础设施建设的优化，乡村的道路体系也逐渐明确。但道路的开发会影响到山体的稳定，所以山地乡村的道路大多以延续山体走势的曲折道路居多。除此之外，资源点的位置和地形的平坦等因素都会影响道路的形成。山东滨海山地型乡村四种主要道路形态特征进行总结如表3-8所示。

山东滨海山地型乡村道路形态特征 表3-8

形态模式	特征描述	结构示意	乡村聚落图示	
棋盘式	完全依托这种道路形式的乡村较少，缺少非常平坦的地形做支撑，道路的优点是布局非常整齐，有利于建筑的建置和方向的辨认。	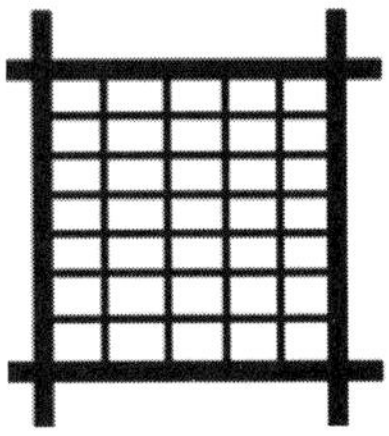	大尹家村	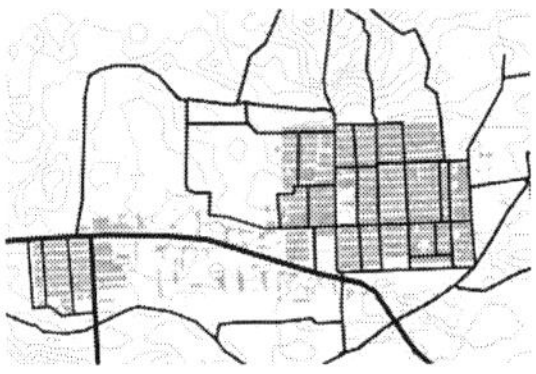
放射式	放射式一般是以文化资源点或河流为中心，从资源点往四周辐射，覆盖范围内的建筑和交通可以很好地利用资源同时降低距离成本。	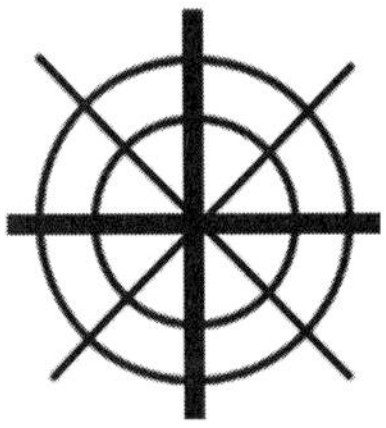	东高家村	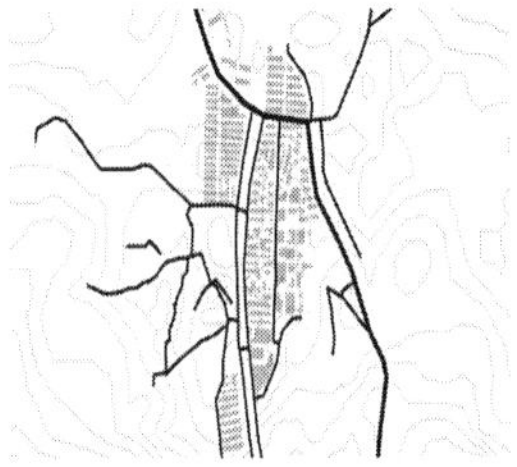
交叉式	这种道路的好处是根据自然地形而建，不需要过多的成本。没有明确的指向性，使得道路体系变化多样。	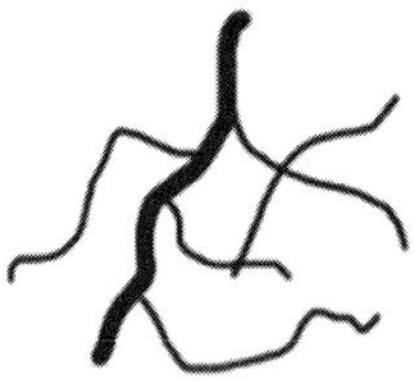	青山渔村	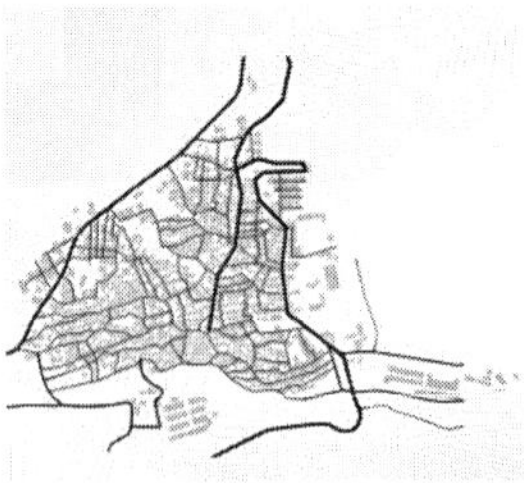
单向式	大多数的山地聚落体量不大，建筑较少，所以道路多由主干道分出支路，道路体系单一，不通畅。	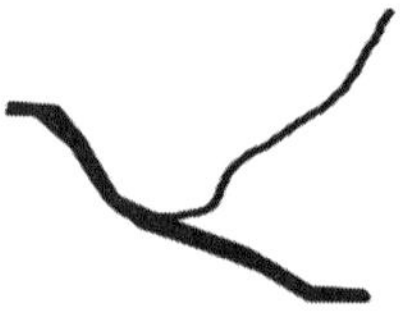	凉泉村	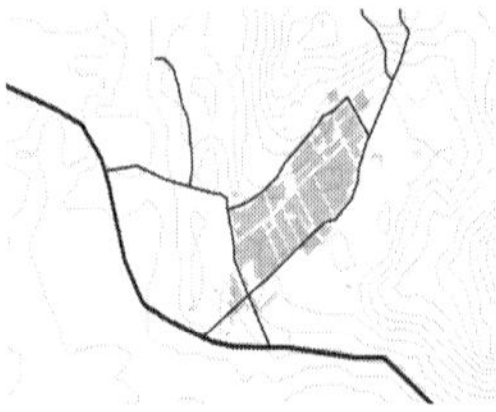

（3）建筑形态特征

山东滨海山地型乡村的民居大多就地取材，以花岗石、玄武岩等石材为主要建材，建设手法粗犷，风格厚重沧桑，别具地域特色。如威海文登村由于地处昆嵛山区，村民自古就习惯用花岗石盖房，用材较大，二三十块石材就可垒砌一面外墙，所造民居棱角分明、坚毅有力。再如烟台蓬莱滨海乡村常用青黑色的玄武岩建造民居，甚至登州府上水门遗址以及宋营寨城也是用这种石材建造，建筑形态浑厚大气。再如青岛崂山乡村，村民常用当地的花岗石建造房屋，建筑式样简洁明快，结构紧凑，硬山屋脊，建筑手法独特。随着时代的发展，虽然山东滨海乡村民居的建筑布局、内部结构都有所变化，但万变不离其宗，其显著的地域特征、历史文化价值及其所承载的文化基因仍值得深入研究（表3-9）。

山东滨海山地型乡村建筑特色形态特征　　　　　　　　表3-9

模式	特征描述					建筑现状图	
	屋顶	立面	门窗	色彩	材质		
山地石屋	红瓦	花岗石块石墙	木质	黄色、红色、	石材、瓦片	青岛崂山民居	
山地石屋	青瓦	花岗石块石墙	木质	青色、黄色、	石材、瓦片	威海文登民居	
山地石屋	青瓦	玄武岩石墙	木质	青色、青黑色	石材、瓦片	烟台蓬莱民居	

3.3.2　滨海平原型乡村空间外部表象构成

1. 聚落与自然空间特征

山东滨海平原型乡村整体发展主要依靠土地和海洋，土地为平原型乡村提供稳定的生产农田和居住环境，所以农田与乡村聚落是构成平原型乡村的基本组成部分。在此基础上结合特殊滨海地理环境，形成田抱村、城边村及复合环境三种关系（表3-10）。

平原型乡村聚落与自然空间关系 表3-10

田抱村	
农田环绕乡村是胶东地区的滨海平原乡村常见关系，聚落选址在农田之间，是为了更好地进行农业生产，伴随着开放的农田空间逐渐被分割，农业生产工具的升级，平原型乡村逐渐壮大。	
城边村	
随着城镇化的扩大，越来越多的城镇土地向农村逼近，城边村的出现是被迫形成的格局。胶东地区城镇化发展较为强劲，在城镇边缘的乡村资源利用广泛，与城市同质化严重。	
复合环境	
胶东地区拥有良好的自然环境，烟台和威海的临海区域有很多乡村处在丘陵和海洋中间的平原地区，虽达不到山地型和海岛型乡村的生态价值，但产生过如卫所文化等防御性乡村文化。	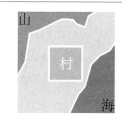

2.村落传统格局与整体风貌特征

（1）空间结构特征

平原型乡村受地形的影响较小，发展基本没有方向限制，所以乡村形态呈现出方正、规则的格局。平原型乡村的人员密集，建筑的数量和村庄的规模较大，大多乡村拥有独立的功能体系，包括教育、医疗等基础服务功能，乡村道路的建设也覆盖全面，较为连贯（表3-11）。

（2）建筑形态特征

山东滨海地区夏季多雨潮湿，冬季多雪寒冷，且风速较大，为了适应地域生态环境，形成了山东滨海地区平原型乡村多样的建筑风格，有海草房、青瓦砖石房、红瓦砖石房等。其中，海草房是山东威海、烟台、青岛等沿海地带最具有代表性的生态民居之一。村民以原始石块垒砌为墙，屋顶用特有的海草苫成，这类海草长期生长在海底，其中大叶藻属和虾海藻属海草干草，具有抗腐蚀和保温耐用的特点，屋顶堆尖如垛，三角形高脊大陡坡结合层层

平原型村落空间格局　　　　　　　　　　　　　　　　　　表 3-11

类型	形态模式	特征描述		典型道路形态	乡村聚落图示
规则式	十字形	因军事防御要求，在村落外围有城墙围合。村落内部以十字形作为基本骨架，沿城墙内侧布置有环状道路用以连通各个城门。路网呈田字式均匀布局。	雄崖所村		
	梳形	梳形路网是在鱼骨形路网的基础上进一步拓展，依托一条主路形成多条与主路垂直相交的次级道路。	港东村	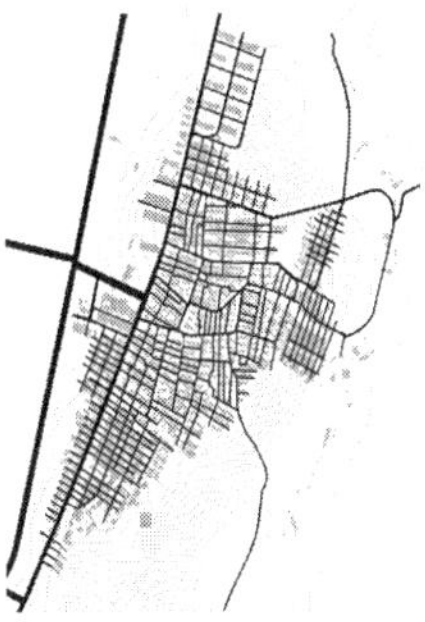	
	井字形	村庄发展过程中，在原有的十字形街道基础上，路网格局向纵横双方向发展，产生多条平行的十字形路网，逐步构成井字形布局。	周戈庄村	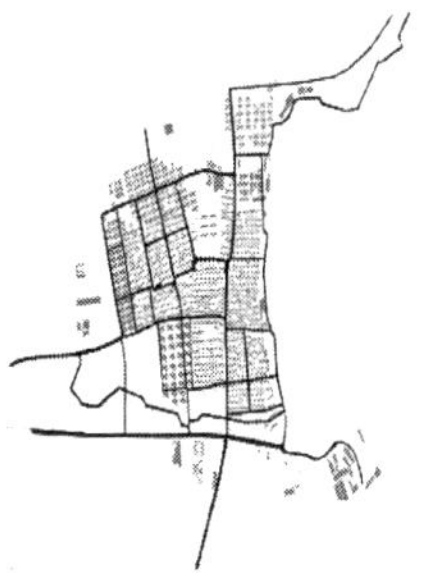	
混合式	十字混合型	随着村落规模扩张和发展，道路顺应自然条件形式多变。	港南村		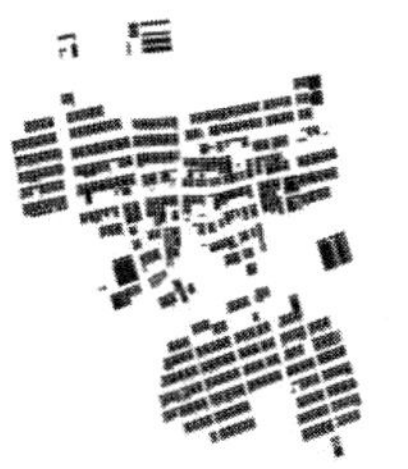

叠加的海草，不但适应了自然条件，还便于快速排水，避免了海草的腐烂，浅褐色中带着灰白色调，古朴厚重。除此之外，明末清初大量南方人来青岛建设村落，将南方建筑高门楼、悬山顶等建筑特色和青瓦、白墙的建筑色调引入到北方的滨海乡村，形成了南北方建筑融合的韵味（表 3-12）。

胶东滨海平原型乡村建筑特色形态特征　　　　　　表3-12

模式	特征描述					建筑现状图	
	屋顶	立面	门窗	色彩	材质		
海草房	海草坡屋顶	虎皮石墙	高海草门楼、木门窗	浅褐	海草、石头	烟墩角村	
青瓦砖石	青瓦屋顶	青砖石墙	高悬山门楼、木门窗	白、灰	青砖、瓦片	雄崖所村	

（资料来源：《青岛市乡村风貌规划》）

3.3.3　海岛型乡村空间外部表象构成

由于前文乡村空间适宜性分析采用栅格大小为30m×30m的土地利用分类进行研究，这一方法不适用于平均面积不超过1km²的海岛。且胶东地区的海岛村落样本量较小，根据《山东省海岛保护规划（2012—2020）》数据，山东省有居民海岛共32个，其中胶东半岛区域包含28个（表3-13）。通过对海岛性质和村落景观规模调研，在其中选择了灵山岛、鸡鸣岛、斋堂岛、砣矶岛上最具代表性的5个海岛型乡村岛屿进行研究。

胶东地区人居海岛名单　　　　　　表3-13

城市	人居海岛
青岛市	田横岛、大管岛、小管岛、竹岔岛、灵山岛、斋堂岛、沐官岛
威海市	鸡鸣岛、楮岛、镆铘岛、刘公岛、小青岛、南黄岛
烟台市	崆峒岛、养马岛、桑岛、千里岩岛、麻姑岛、大鹿岛、南长山岛、北长山岛、小黑山岛、大黑山岛、大钦岛、小钦岛、南隍城岛、北隍城岛、砣矶岛

1. 自然景观特征

为适应海岛生存，村落在长期生活演化中形成了"村、田、林、岸、海"五种要素构成的景观格局。"村"是岛上人工建造的空间，满足居民居住和生活的需求。村落空间既是地理空间也是社会空间，村落的生活空间、生产空间和生态空间共同构成了村落的物质空间。"田"不是海岛聚落居民生存的关键性因素，但相对适宜耕种的土地可以提高其在岛上的生存质量。"林"为海岛提供了较好的生态环境，海岛用地稀缺，村落多选址于平坦腹地或背风山岙处集中建设，周边种植防风林抵抗多方向风灾。"岸"是海洋与陆地的空间交错带，由岸线带来的海洋渔业资源、海岛渔港资源和景观旅游资源等对聚落空间产生了重要影响。"海"是指岛屿周边的海洋环境，它影响了海岛居民的出行、居住形式、娱乐活动等生活方式，同时也为海岛居民提供了丰富的能源和富饶的渔产资源以及其他各类资源，影响了他们的生产方式。

2. 村落传统格局与整体风貌特征

（1）聚落形态特征

胶东半岛人居海岛村落形态特征大致分为三种，分别是适用于平坦地形的网格状聚落，建筑垂直于海岸的条带状聚落，平行于等高线的团块状聚落（表3-14）。

胶东海岛乡村聚落形态特征   表3-14

形态模式	特征描述	结构示意	乡村聚落图示
网格状聚落	网格状聚落分布于地势平坦的海岛腹地，四周以防风林或山体形成天然屏障。聚落的建筑排布不仅具有强烈的秩序感，在村庄整体上也保持着规整的形态特征。	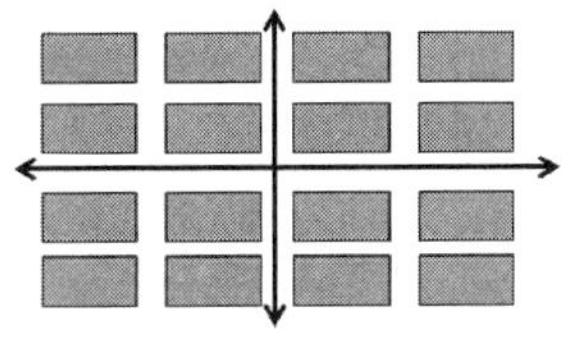	 鸡鸣岛村
条带放射状聚落	聚落位于山脚，因山体坡度限制，规模扩大后沿道路横向发展，整体呈放射状布局。		 灵山岛城子口村

续表

形态模式	特征描述	结构示意	乡村聚落图示
团块状聚落	团块状聚落分布于地势陡峻的丘陵地带，顺应山势集中布局。	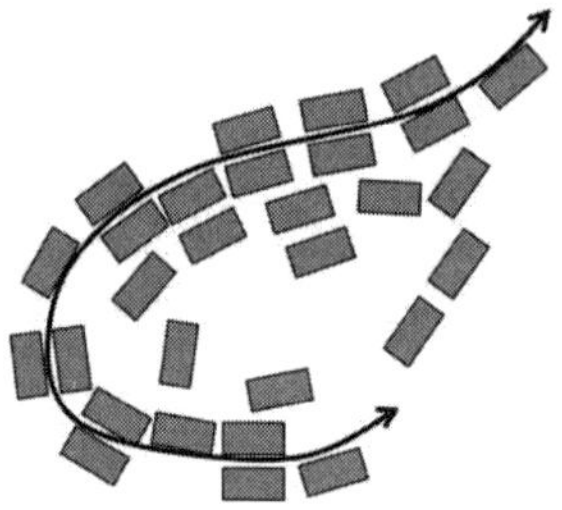	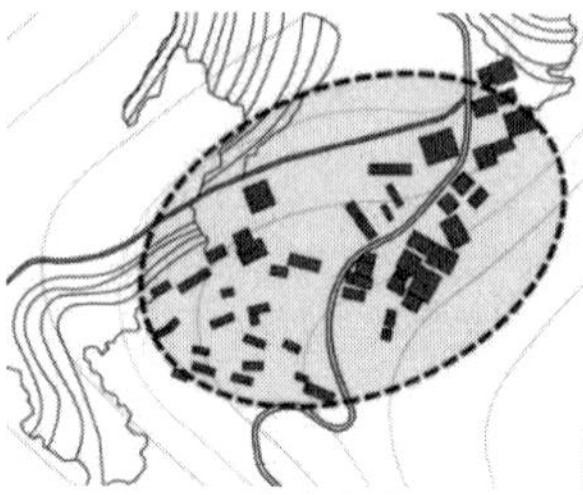 灵山岛上庵村

（2）道路形态特征

道路衔接了村落的外部环境和内部空间，道路街巷与建筑立面构成了村落直观的展示面。胶东地区海岛型乡村的道路形态受地形与海拔影响，分为以下几种形态：网格形、鱼骨形、之字形、树枝形（表3-15）。

胶东海岛乡村道路形态特征 表3-15

模式	特征描述	结构示意	代表性村落
网格形	网格形分布于地势平缓的海岛	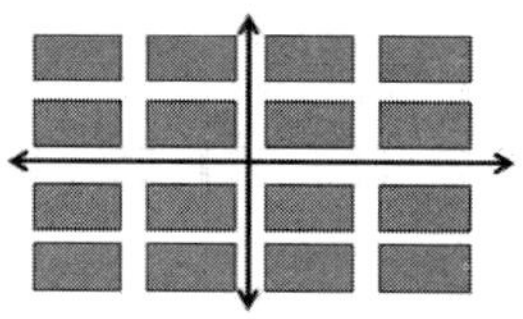	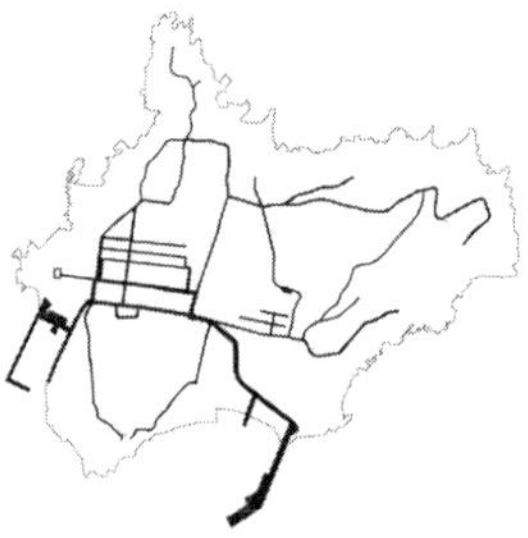 鸡鸣岛村
鱼骨形	鱼骨形通常为次一等级的街巷，分布于网格形路网末端	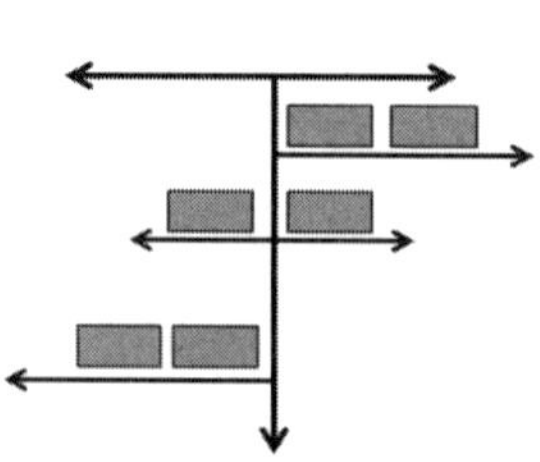	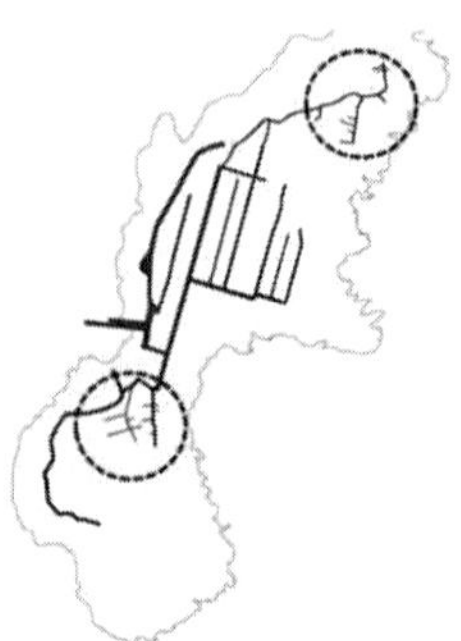 斋堂岛村

续表

模式	特征描述	结构示意	代表性村落
之字形	之字形路网通常出现于高海拔海岛，村落位于较高位置，"之"形路网连接不同海拔高度的建筑		灵山岛上庵村
树枝形	树枝形路网通常分布于村落外围，起到衔接海岸的作用		灵山岛毛家沟村

（3）建筑形态特征

纵观不同历史时期胶东地区海岛型村落的建筑风貌特征，主要有以下三种类型：首先，最具代表性的是传统海草房，典型案例有鸡鸣岛村。其次是传统石头房，由于海岛受到交通因素影响，早期建筑多为就地取材，岛上居民利用丰富的石材资源建造房屋，石材未经过精细加工进行垒砌，整体风格粗犷原始。具有代表性的是位于烟台砣矶岛的磨石嘴村，村落里都是青石垒成的石墙和石头房，这些石材产自该村西山泉眼处的洞内，因石内含有小金属颗粒，呈现金星闪烁雪浪腾涌形状，故称"金星雪浪石"。最后是砖瓦房，典型案例有青岛西海岸的斋堂岛村，建筑均是 20 世纪 80 年代后期集中建设，沿袭了青岛"红瓦绿树碧海蓝天"的特色，均为红色屋顶，绿树掩映下十分夺目（表3-16）。

胶东地区海岛型乡村建筑特色形态特征　　　　　　表3-16

模式	特征描述					建筑现状图
	屋顶	立面	门窗	色彩	材质	
海草屋形态	海草坡屋顶	虎皮石墙	高海草门楼、木门窗	浅褐	海草、石头	鸡鸣岛

模式	特征描述					建筑现状图	
	屋顶	立面	门窗	色彩	材质		
石头房形态	青瓦屋顶	虎皮石墙	高悬山门楼、木门窗	黑、灰	石块、青瓦		砣矶岛
砖瓦房形态	红瓦屋顶	抹面砖墙	钢塑门窗	红、浅褐	红砖、红瓦		斋堂岛

3.4 文化基因与乡村空间的形神共营

3.4.1 文化基因与滨海山地型乡村空间

山东滨海地区的山体鲜有高山峻岭，一般坡度缓和。该地区的山地型乡村由于地形限制，建筑之间距离紧凑，多联排而建，甚至相邻两户共用一道墙体，常用的建筑手法是沿等高线方向形成一条条带状的石材平台，沿平台修建一排排的民居，逐阶升高，错落有致，同排民居高度一致。聚落中间的村民地缘关系明确，每户都作为乡村的最小单位，经过久而久之的相处，形成乡村稳定的风俗风貌。除此之外，胶东山区也是山东红色革命的发祥地之一，发挥了不可替代的作用，形成了胶东的红色文脉。

山东滨海山地型乡村聚落一般选址在狭窄的山间河谷地带以及周围没有较大河流的沿海地区，这些乡村往往有用水困难的烦扰，在解决这类问题过程中，形成了独特的水利景观，胶东地区很多山体附近兴建的水库、水井都见证了这类选址更加宜居的文化印记。

山东滨海山地型乡村景观得益于自然的地理环境往往具有良好的生态价值。借助地形的多样性和稳定的生态系统，以果林和茶田为主体，形成了丰富的果林景观、梯田景观和山体景观。这些乡村旅游产业往往具有显著的竞争优势，在胶东三市的旅游乡村名录中，滨海山地型乡村出现频率较高，其中不乏知名的渔村，尤以青岛崂山的渔村最具特色，这些村庄大多以渔业作为第一经济来源（图3-2），从渔村聚落特征到民风民俗都融入村民日常生活之中，手工业就地取材，石雕作品丰富，在山地乡村的建筑和小品营造中经常使用。

图 3-2　渔业风光

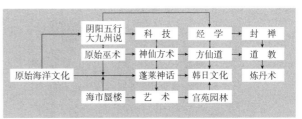

图 3-3　胶东地区宗教信仰文化发展示意图
（图片来源：山东蓬莱水城及蓬莱阁保护规划文本）

事实上，从先秦开始，胶东地区已成为中国古代海洋文明的摇篮。秦汉时期，秦始皇泰山封禅，并三登琅琊台，汉武帝泰山封禅，并海上寻仙，胶东地区独特的山海格局逐渐形成了特定的祭祀封禅场所。在此背景下，蓬瀛神话逐渐定型，方士道教开始兴起。唐宋金元时期，胶东地区已成为道教的兴盛之地（图 3-3）。浓郁的宗教信仰文化也影响了胶东地区独特的文化基因的形成。如蓬莱神话"一池三山"模式成为中国古典园林的重要原型，更衍为禅寺枯山水园中最重要的构成。

3.4.2　文化基因与滨海平原型乡村空间

胶东地区大部分的滨海平原型乡村还是以渔业和农业生产为主的传统型乡村，这些乡村多呈现出较为明显的轴线和方向，乡村聚落功能关系和场所关系清晰。功能性的节点和中心职能呈现放射形的以点带面的发展方式，使得个体与聚落融合性较高。协调的邻里关系与稳定的农业增收载体易于传统文化的凝结，点带面的发展模式传播速度快，更容易接受文化植入，这都使得滨海平原型乡村可以成为文化基因展示平台。

平原型乡村聚落与生产性空间关系最为密切，平原型乡村以农业产业作为主要创收产业，其农业文化和种植方式都有延续性。新石器时期的胶东有着南方湿润温暖的气候条件和适宜生长的土地与水资源，使得粟、稻种植广泛。伴随着农业种植的稳定，村民在周边修建坚固房子，以此定居，胶东地区的乡村聚落也逐渐发展成农业型乡村。有"胶东史前文化研究活化石"之称的杨家圈遗址就是胶东农业发展史的见证，经考古挖掘发现了石镰、石刀等农作工具，陶罐、陶瓮等大型器皿，家猪和狗的家畜祭祀坑和水井等水利工程。这些用具辅佐胶东地区形成了以粟作农业为主和在河边湿地兼种水稻的农业经济结构，是在农田环绕下的平原型乡村农业文化基因的主轴。

除了农业，渔业也是山东滨海平原型乡村的主要产业，与此相关的码头等基础设施，成为乡村重要的生产生活场地和聚会集散场地。人们通过码头进行往来，客流、物流夹杂着各类信息、包含着各种文化在此交流。码头作为信息文化交流的重地，容纳着各种文化并融合成为独具特色的码头文化。码头还具备重要的标识功能，为外来人群提供重要的导视作用。

在社会层面，码头也是海岛生产劳动展示、特定民俗节日、祭海文化、海洋祈福文化的重要承载空间。

除此之外，胶东地区有着源远流长的戍海历史。为抵御倭寇，自洪武十九年（1386年）始，明王朝按照"陆聚步兵，水具战舰"的方略，沿海设立辽东、山东、南京、浙江、福建、广东6个防区，各辖卫所，建城堡，屯重兵，造战船，委重将，率师巡海；在沿海交通要道和关隘之地设巡检司缉拿逃寇，形成一道严密的以陆防海的防御体系。卫所城址多位于小型半岛、岬角之上，襟海以控制海湾，枕山以居高临下。如青岛雄崖守御千户所的设立就是在这个大格局下应运而生的，成为我国明代沿海防御体系中的重要一环。随着时代的变迁以及军事功能的弱化，卫所功能乡村逐渐变成为自然的村落，但村内至今尚保留完整的池城格局、墙体、城门等诸多遗迹，是独特的卫所文化基因的最好呈现。2008年，雄崖所古城被命名为"中国历史文化名村"，成为山东省仅有的两处之一（图3-4）。

雄崖所城呈方形，坐北面南，偏东南向。其地势东低西高、南低北高。所城东西长337m，其中东门至十字街中心176m，十字街中心至西门161m；南北长389m，其中南门至十字街中心194m，十字街中心至北门195m；城墙周长1452m。城墙的四个角，除东南角略小于90°外，其余均为90°。城设四门，南门、西门至今完好无损，东门、北门已圮，但北门外照壁犹在。城墙外四周有护城河，上宽约5m，下宽约1.5m，深约4m。据考证，雄崖所城创建之初是经过统一规划的。道路四通八达，排水系统完整合理，房舍规划整齐并留有余地。它以十字大街为界，规划了四个区域，东南隅为预留空地，东北隅为主居住区，西南隅主要为仓廒、庙宇等。居住区内建设了整齐划一的土木砖石结构的房屋，屋顶为"人"字形，上覆青色小瓦。根据官职大小和需要分类建设，主要有：台房，为正、副千户居住兼办公之所，其建筑形式是，底部起台高约70cm，俗称"台房"，硬山式鱼鳞瓦顶，无檐厦。两间半屋，百户每户住房3间，半间放置武器、军装，两间半居住，俗称"两间半屋"，

图3-4　雄崖所村

其建筑形式是，墙体是石头到窗，砖砌腰带，上为粉皮土墙，顶披山草，檐缀小青瓦，称为"罗汉衣房"。房均无后院，房后开窗，以便于有敌情时相互招呼。房内间壁以砖平砌，防止紧急行动时撞塌；仓廒，位于西门里的城隍庙北，又称后仓；分上、下两仓，有房屋 6 间。仓廒占地广阔，用以贮存粮草，有院墙、大门、中间有道路（图 3-5）。

雄崖所城内外共有庙宇 13 座，其中观音殿 4 座，一在白马岛，一在城内西北隅，一在北门，一在南阁。城内有关帝庙、天齐庙、观音殿（3 座）、城隍庙、三官庙、城东有先农坛、九神庙；白马岛上有龙神庙、十八罗汉寺、观音殿（1 座）；玉皇山上有玉皇庙。另外，在西门外的庙顶山上有庙宇一座，久圮，无考。雄崖所初建时，不同地区、不同

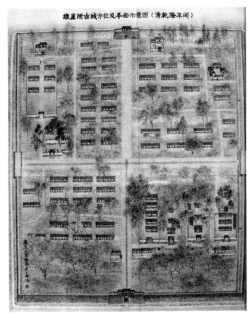

图 3-5　清乾隆年间雄崖所方位及平面示意图
（图片来源：参考文献 [50]）

民族的军户、民户来这里戍边，并肩作战，共同劳动，相濡以沫，历经 600 余年漫长岁月，民族文化、生活习俗得以不断融合、演变，形成了传承文化中最切合身心和生活的雄崖所民俗文化。包括具有鲜明特色的岁时节日民俗、居住民俗、婚庆嫁娶民俗、丧葬民俗、日常生活民俗和海上民俗等。

3.4.3　文化基因与海岛型乡村空间

与陆地相比，海岛的先民们更加敬畏自然、敬惜资源。海岛村民早已与山、海、林、滩共生共荣，这也是他们能够世代在这些相对艰苦的岛屿上生存下来所凝结的智慧。海岛的生态空间主要可分为海洋生态空间、近海潮间生态空间和山林生态空间三类。其中潮间带是生态与生产的复合空间，"潮间带"指平均最高潮位和最低潮位间的海岸，虽然与另两种生态空间相比，潮间带占比极其狭小，但是生境类型最为多样化，对海岛的生态调节起着至关重要的作用。胶东地区的海岛近海潮间生态空间大多由砂石浅滩、礁石和险峻的山崖峭壁所组成。砂石浅滩部分成为生产性岸线，而礁石峭壁则形成各种光怪陆离的地质景象，这些景象成为海岛传说、海岛崇拜的重要组成部分。如庙岛群岛在历史演变的进程中形成了地域性的文化资源体系，包括渔业、航海、渔村等外显性文化基因，图腾崇拜、海神信仰、海洋民俗等内隐性文化基因。还有包括亿万年的海洋地质文化、近万年的海洋史前文化、几千年的海洋信仰文化、上百年的海洋渔俗文化等。

　　海岛聚落的形成原因多是由于最早一批登岛渔民的选址经验。由于渔村的主要食物来源和收入均来自海洋，所以渔民多选在近海的地方居住，位于近海潮间空间和山林生态空间之间（图3-6~图3-8）。这样的位置使房屋与海边保持着一定的距离，从而避免了海潮侵袭，又方便出海或在潮间带空间进行养殖作业。

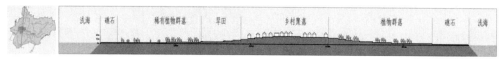

图 3-6　鸡鸣岛聚落景观结构剖面图

图 3-7　斋堂岛聚落景观结构剖面

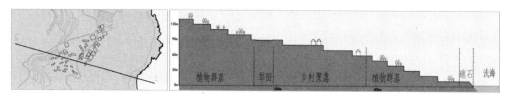

图 3-8　灵山岛聚落景观结构剖面

　　胶东地区属于暖温带季风气候，降雨集中且冬季夏季较长。由于海岛周边没有遮挡大风的地貌类型，因此岛上的风力相较内陆而言更大，更容易受到风灾的侵蚀，在岛民不断与恶劣的大风环境抗衡的过程中，也愈加重视山林生态空间。胶东地区海岛村落的另一营造特点就是围绕聚落形成的多个防风山林景观体系。在树种的选择上以耐干旱、耐盐碱的黑松、刺槐、柿树为主，自然次生植被主要是低矮灌丛。

　　庙宇是海岛传统村落的重要组成部分，是村落居民重要的公共精神空间，其重要性甚至超过了祠堂。古代在海上航行经常受到风浪的袭击而船沉人亡，船员的安全是航海者的主要问题，他们把希望寄托于神灵的保佑。胶东海岛的庙宇主要分为自然崇拜和英雄神灵崇拜两大类。

　　自然崇拜比较有代表性的庙宇有青岛灵山岛的鱼骨庙。据《胶南文史资料》记载："鱼骨庙建立在灵山岛沙嘴子村南的一片开阔地上，村民利用在沙嘴子村海滩搁浅的大鲸的骨骼做房骨，建起一座庙，成为鱼骨庙。"这座庙大约长6m，宽3m，檐口高度近3m。整座庙宇的梁和檩条采用了鲸鱼的肋骨，檩条之上铺木板，盖青瓦。鲸的脊椎骨做庙内的两根殿柱，庙的墙壁用青砖砌成。早年间每逢出海或春节、海生日等重大节日，岛上渔民都会前来烧香朝拜，祈求平安。

英雄神灵崇拜最有代表性的是妈祖庙，妈祖信仰也是中国沿海地区传统民间重要的信仰之一，对于妈祖的崇拜表达了人们对海洋的恐惧与憧憬。妈祖文化肇于宋、成于元、兴于明、盛于清、繁荣于近现代，是内陆文明与海洋文明交汇与发展的产物。民间在出海前要先祭妈祖（图3-9），祈求保佑顺风和安全，在船舶上立妈祖神位供奉。胶东地区烟台蓬莱、庙岛的天后宫是中国北方最具代表性的妈祖供奉地，逐渐发展成为中国北方妈祖文化传播的重要源头。其中庙岛的妈祖显应宫始建于宋徽宗宣和四年（公元1122年），是我国北方最早、最著名的妈祖庙。

为了节约用地，胶东地区海岛中上有极少聚落规划有广场空间。而这些鲜见的广场空间通常为相对闭合的内向型空间，周边房屋密集，广场四周由建筑围合而成，由多个出入口进出广场，交通便捷。

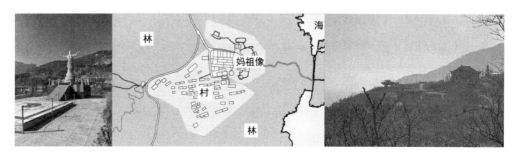

图 3-9　灵山岛毛家沟村妈祖神像及地理位置

海港码头是连接海岛与陆地的基础设施，也是海岛居民重要的生产生活场地和聚会集散场地，从而衍生出的码头文化也是海岛生产文化的重要组成部分。码头在功能上表现出多样复合性，主要有以下功能：作为海岛居民通往陆地的唯一途径，码头成为重要的交通枢纽。早在元代，胶东地区的斋堂岛与大陆之间的区域就成为南黄海重要的航道，被称为斋堂水道，海运粮船皆停泊在海岛西北的岸滩。后来村民在这片平缓的岸滩修建码头，并根据船只大小与吃水程度修建了不同规格的码头。码头的选址、形状、岸线长度与高度是海岛村民根据风向、潮汐（潮位线高低差小）、海底地质地貌、渔船吃水线等条件综合研判的结果。海港不仅承担了渔船停泊、登船、货物装卸的职责，更是海岛村落重要的商品交易集散区域。一般码头按照平面布置划分为顺岸式、突堤式、栈桥式、混合式等。顺岸码头，是指码头前沿线与陆域岸线平行，特点是船舶停靠方便、对水流和泥沙的影响较小。突堤式码头，是指由陆岸向水域中伸出的码头，突堤两侧和端部均可系靠船舶，具有布置紧凑、管理集中的优点。栈桥式码头又称"透空式高桩码头"，是由栈桥与岸相连的离岸码头（表3-17）。

港口码头形态特征 表3-17

形态模式	特征描述	码头功能	代表性村落
混合式码头	顺岸式和突堤式码头混合的形式，顺岸式围合成港，方便较小的渔船躲避风浪。外围组合突堤式码头方便观光游轮等较大船只停靠。	客运码头、渔业港口	 灵山岛城子口村
突堤式码头	堤岸两侧均可停靠船舶。布置紧凑集中，便于管理。码头呈"Y"形，不同高度的堤岸为不同吃水线的渔船停靠提供便捷。	渔业码头	 斋堂岛村
顺岸式码头	码头前沿线与陆域岸线平行，具有陆域宽广、船舶停靠方便、对水流和泥沙的影响较小等优点。码头整体呈"H"形分布。	渔业码头	 鸡鸣岛村

　　海岛型村落主要收入来自于海洋渔获，渔获的交易带来了其他商贸活动的开展。码头周边往往形成小规模的集市，是海岛居民交易生活用品、买卖货物之处，较大规模的海岛还在港口附近形成了服务业、餐饮业和娱乐业。这些海岛农田景观占比极小，为了更加集约化地利用有限资源，海岛的农田大多零散地分布于民居周边。如青岛的灵山岛等较大的岛屿以梯田为主，种植茶叶、板栗、柿子等有一定经济价值的采摘作物。

　　相比于陆地，北方地区海岛的淡水资源更加匮乏。胶东地区较多海岛村落还保留有凿石蓄水的痕迹，较大的海岛还建有塘坝来储蓄山泉，这些方式在丰水年尚可维持供水量，但干旱年就难以保证正常供水。为了更好地获取水源，海岛村落开始建拦水坝、沉淀池用以过滤和储存雨水。现阶段，海岛供水基本采用海底管道输水上岛，供水艰难已成为过去。

　　综上所述，山东滨海平原型、山地型和海岛型乡村的文化基因体系复杂而多元，这些文化基因既具有相似性又具有独特性。基于此，本书对山东滨海乡村文化基因库进行梳理

（表 3-18），以便更好地对山东滨海乡村文化基因传承保护与当代转移的方法和策略展开分析和研究，以促进新时代山东滨海乡村文化的振兴与可持续发展，实现山东滨海乡村空间布局、功能分区、景观结构和人地关系等的科学更新与优化。

山东滨海乡村文化基因库　　　　表 3-18

主类		亚类	基本类型	实例
内隐性基因	意识形态构成	历史文化	—	海洋文化；海防文化；卫所文化；古典园林文化；道家文化；儒家文化；齐文化；炮台文化；宗族文化、红色文化等
		海洋文化	神话传说	蓬莱神话；海上三神山；八仙过海；徐福传说；秃尾巴老李传说；秦始皇东巡传说等
			信仰文化	海洋信仰；神仙方术；图腾，视鲸、鲨为神灵；把古代人物当作海神；隐逸文化；妈祖信仰；龙王信仰；风水文化；民间信仰等
			海上风俗	过龙兵；海上祭拜活动等
		文学艺术	—	道教音乐；胶州秧歌；茂腔；柳腔；胶东大鼓；大秧歌；八卦鼓舞；蓝关戏；剪纸；莱州草辫；渔家号子等
		民族精神	—	戚继光抗倭精神、"仁、义、礼、智、信"传统美德等
山东滨海乡村文化基因分类体系				
外显性基因	生产生活方式	农耕文化	—	杨家圈遗址农业文化；果园种植；梯田种植等
		渔耕文化	—	传统捕捞；深海养殖；海洋牧场；商贾文化等
		餐饮文化	—	蓬莱小面；鲅鱼水饺；烟台焖子；花饽饽；海鲜文化；崂山茶饮；即墨老酒等
		旅游文化	—	渔家乐、农家乐、生态旅游等
		民风民俗	手工技艺	木船制造；渔网编制；面塑；花饽饽；喜饼；贝雕；草编；鲁绣；石雕等
			节日风俗	中秋节蒸月糕、月鼓；元宵节捏豆面灯；清明送小面燕；谷雨节祭海；端午拉露水；中元节特色活动；海云庵糖球会；蓬莱阁庙会；龙王节；渔灯节；祭海节；妈祖节；天后宫庙会；荣成国际渔民节；长岛妈祖文化节；荣成开洋谢洋节等
			婚丧习俗	以"六礼"为核心的传统婚俗仪式等
			娱乐习俗	孙斌拳；螳螂拳；牛郎拳；戚家拳；沙滩拔河；放风筝等
		交通文化	—	自远古至战国时期蓬莱港的海上交通线；秦、汉海上巡幸交通线；海上丝绸之路等
	外部表象构成	自然环境	—	山；农田；河流；海；林；沙滩；茶田等
		乡村风貌	聚落格局	背山面海；依山就势；临海而居；一面临海；三面临海等
			村庄肌理	散点式；街巷式；组团式；条纹式；图案式等
			景观格局	均匀型；团聚式；线状分布；平行分布；特定组合；空间连接等
			街巷脉络	鱼骨型；网格型；树枝型等
		建筑文化	民居宅院	海草房；房内火炕；崂山石砌房；四合院；麦草泥墙面的院落等
			典型建构筑物	牌坊；井台；庙宇等
			史迹遗址	遗址（盐业遗址、贝丘遗址；龙山文化遗址；大汶口文化遗址；泸溪义化遗址）；纪念地（革命遗址）等
			水利工程	水井等

第4章
山东滨海乡村文化基因感知评价

　　山东滨海乡村文化受地域特点、风俗习惯和自然环境等多种因素影响，具有独特性、地域性和复杂性等特点，基础数据的收集面临着工作量大、范围广等挑战。同时，涉及的人群类型较多，如游客、村民和管理者等，定量分析需要对乡村文化各个基因有一定的认知，这些对调查者和被访对象都有一定难度。本书将从不同文化基因感知对象入手，重点选取人群基数较大的旅游者和村民两个部分进行分析。

4.1　研究对象选择

4.1.1　选取依据

　　本书采取旅游者和村民等对山东滨海文化基因感知形象的评价，在前期滨海乡村分类研究的基础上，确定滨海乡村选取的范围。本研究中滨海乡村的选择侧重三点：滨海、资源环境优良和文化基因底蕴深厚，主要指山东滨海地区以自然资源环境和文化基因为特色，与海洋直接相接的乡村。

　　在此选择标准下，通过对山东滨海地区乡村进行分析，结合网络调研和前文基因库进行筛选，最终确定了东麦窑、青山渔村、港东村、雕龙嘴、北城村、马埠崖村、烟墩角和东楮岛八个滨海乡村为重点研究对象。

4.1.2　文化基因基础调研

　　前期基础调研以访谈调查为主。访谈调查是按照调研方案的设计要求，通过与游客和村民的访谈，获取第一手材料和实感的过程，以便了解山东滨海乡村文化基因传承与营造的现状，深入了解乡村发展现状。访谈记录是以调查时的实况进行记录，具体调查内容见表4-1。

滨海文化基因生产类调查导则表　　　表 4-1

文化基因	基本类型
主要产业	旅游业生产；渔业生产；农业生产；工商业生产
手工技艺	历史价值；珍稀度
建筑与设施	建筑类型；建筑结构；标志性建筑；整体布局
街巷脉络	形态
聚落格局	形式
信仰风俗	神话传说；饮食；历史文脉；制度文化
节日庆典	文艺形式
自然生态	山水格局；海洋格局；农田格局
景观格局	分布类型

4.1.3　文化基因综合分析

结合胶东滨海乡村的地形影响，对照山东滨海乡村文化基因库，对滨海山地型、滨海平原型和海岛型乡村展开分类研究。

4.1.3.1　滨海山地型乡村

（1）文化基因现状分析

根据地形分类，东麦窑、雕龙嘴、青山渔村、港东村和黄山村均为滨海山地型乡村，按照文化基因调查导则表对其进行文化基因现状进行调研得到滨海山地型乡村基因现状（表 4-2）。

滨海山地型乡村现状文化基因　　　表 4-2

文化基因	东麦窑村	雕龙嘴村	青山渔村	港东村	黄山村
产业文化	旅游业；渔业；农业	旅游业；渔业；养殖业；农业	旅游业；渔业；农业；采石业	旅游业；渔业；养殖业；农业	旅游业；渔业；养殖业；采石业；农业
手工技艺	土特产	土特产	土特产	土特产	海蜇加工、特产茶叶
建筑风貌	红瓦石头房；四合院；山－海－村	红瓦石头房；四合院；山－海－村	红瓦石头房；茅草石屋；山－海－村	红瓦石头房；山－海－村	红瓦石头房；山－茶－村－海
街巷脉络	树枝形	树枝形	网格形	网格形	树枝形
聚落格局	背山面海	背山面海	背山面海	背山面海	背山面海

续表

文化基因	东麦窑村	雕龙嘴村	青山渔村	港东村	黄山村
信仰风俗	山海文化、渔家文化、书画文化、传统文化；孝贤文化、乡贤文化；渔家宴、农家宴	山海志文化、渔家文化、绘画文化、传统文化；渔家宴、农家宴	山海文化、渔家文化；渔家宴、农家宴；茶文化	山海文化、渔家文化、面食文化、渔家宴、农家宴、妈祖文化	山海文化、渔家文化、渔家宴、农家宴
节日庆典	健身秧歌；素描；健身；主题讲座	健身秧歌；绘画	—	晒鱼节	海蜇宴
自然生态	山水格局；海洋格局	山水格局；海洋格局	山水格局；海洋格局	山水格局；海洋格局	山水格局；海洋格局
景观格局	团聚式分布格局	团聚式分布格局	团聚式分布格局	均匀型分布格局	团聚式分布格局

滨海山地型乡村多依托紧邻的山地景区资源、环境和市场优势，积极发展旅游业，开拓旅游市场，提高旅游吸引力，鼓励村民发展住宿业和餐饮业；并加大对基础设施的投资力度，将闲置的老旧民居用于发展农家乐和民宿业，使旅游业成为带动经济发展的重要产业，将传统文化、自然风貌、居住民俗相结合。

受地形影响，村内建筑依山而建，村口正对大海，景色宜人。现存的老建筑大多是20世纪七八十年代所建的石头老屋，经过多年沉积，形成了独具当地特色的景观。

围绕"山、海、居、墨、渔"等自然生态资源，依托山海生态条件，形成山 – 海 – 村独具特色的乡村景观格局。

（2）小结

滨海山地型乡村，通常旅游业发展较好，通过对乡村进行文化基因调研和分析，总结概括为以下几个特点：首先，滨海文化基因类型较为丰富，传承度较高，饮食、建筑和活动等都有表现。其次，滨海山地型乡村具有"山、水、海"多层次自然要素，原生性较高。最后，不足之处在于基础设施薄弱，尤其是公共服务设施较少，道路系统不够完善，活动空间丰富度不够。

4.1.3.2　滨海平原型乡村

（1）文化基因现状分析

根据前部分的分类，烟墩角村、东褚岛村、港南村和周戈庄村为滨海平原型乡村，按照文化基因调查导则表对其进行文化基因现状进行调研得到滨海平原型乡村基因现状，详情见表4-3。

滨海平原型乡村现状文化基因　　　　　　　表 4-3

文化基因	烟墩角村	东楮岛村	港南村	周戈庄村
产业文化	旅游业；渔业；农业；海洋牧场	旅游业；渔业；农业	旅游业；渔业；农业	旅游业；渔业；农业；工业
手工技艺	窗花；海草屋顶；花饽饽	海特产	海草房；剪纸艺术；五垒岛枣饽饽	即墨花边
建筑与设施	海草房；港口、码头	红瓦房；海草房；庙宇；拴马石	海草房	合院建筑
街巷脉络	网格型	网格型	网格型	十字形的主街和街巷两部分组成
聚落格局	背山面海	三面环海	一面为海	一面为海
信仰风俗	妈祖信仰；饮食风俗（海带、海蛎子）	饮食文化；渔家民俗；村志；农耕文化；海洋文化；历史背景	戏台文化；渔民文化	祭海民俗
节日庆典	渔家民俗；"荣成渔民开洋谢洋节"	谷雨节	渔家民俗	田横祭海节
自然生态	山水格局；海洋格局；农田格局	农田格局；海洋格局	山水格局；海洋格局；农田格局	山水格局；海洋格局；农田格局
景观格局	均匀型分布格局	团聚式分布格局	均匀型分布格局	均匀型分布格局

　　东楮岛村利用地域优势打造美丽乡村，利用传统民居海草房开发特色民宿经济，还利用其特有的海洋资源，建造了大型海洋牧场，现已成为集观光、旅游、餐饮、互动为一体的旅游项目。海水养殖是烟墩角的基础产业，两个贝类鱼类养殖队、两个海带养殖场、一个育苗厂。烟墩角村重点打造集天鹅旅游、民宿经济、花斑彩石、海洋牧场于一体的特色渔村，全力创建美丽乡村示范点。依托大天鹅、海草房和花斑彩石等优势资源，引进社会资本，启动商业运营，规划设计了 5 个功能分区、24 个实施项目，社区内建有停车场、健身休闲广场、大型购物超市等各类服务设施，计划创建 4A 级景区。港南村以农业、渔业和旅游业为主要产业，按照"特色产业 + 休闲赶海"的思路，走一条新型古村落保护与发展之路。周戈庄至今保留了出海捕鱼、耕种等传统生产生活方式，乡土地域特色突出。

　　东楮岛村海草房沉淀着浓厚的历史文化、蕴含着丰富的地域特色、承载着淳朴的民俗风情、体现着卓越的古建筑艺术，是国内外不可多得的宝贵资源，被誉为"国内生态民居的活标本"。周戈庄有着国家级非物质文化遗产田横祭海节以及县级非物质文化遗产田横大馒头。田横祭海节是中国北方最盛大的祭海活动，已发展成为中国渔文化特色最浓郁、原始祭海仪式保存最完整、规模最大的民俗盛会。

　　东楮岛村的海岸、沙滩、阳光和岛屿有机结合，形成了岛、湾、礁、石的完美海洋组合景观。

烟墩角村不仅保存着典型的海洋文化特征并且也具有自身的独特性，形成了山海、人、天鹅共生的景象，构建了"天人和谐"的村落生态景观风貌。港南村自然环境优美，周围不仅有大海还有小山，山海相映，自成佳趣。海岸线婉转曲折，树木郁郁葱葱，且季节性明显，自然景观资源极佳。周戈庄村地处两山之间、临海凹湾之处，作为滨海渔村，既有丰富的海洋物产、海岸和海岛景观资源，又有美丽的山水田园景观资源。

（2）小结

四个村子有着得天独厚的地域优势，通过对乡村进行文化基因调研和分析，总结概括为以下几个特点。东褚岛村和烟墩角村这两个村子旅游发展态势良好，是胶东地区海草房保留最完整的村庄之一，建有生态型海洋牧场综合体，产业特色突出，自然环境优异、地方民俗特色文化浓郁、海产资源和饮食文化丰富。同时，村内建筑具有浓厚地域文化特色且保护较好，海岸、沙滩、阳光和岛屿有机结合，形成了岛、湾、礁、石的完美海洋组合景观，整体文化基因传承较好。港南村和周戈庄村这两个村子的自然资源优越，有海草房和山水田园景观，但缺乏供旅游者游憩、餐饮的场所，产业发展较弱，游客明显少于其他两个村庄。

4.1.3.3 海岛型乡村

（1）文化基因现状分析

根据前部分的分类，北城村、马埠崖村和斋堂岛村为海岛型乡村，按照文化基因调查导则表对其进行文化基因现状进行调研得到海岛型乡村基因现状，详情见表4-4。

海岛型乡村现状文化基因 表4-4

文化基因	北城村	马埠崖村	斋堂岛村
产业文化	旅游业；渔业；农业	旅游业；渔业；养殖业	旅游业；渔业
手工技艺	海特产		
建筑风貌	灰瓦、红瓦石头房；码头；老船、古树；护城墙文化；古墓群；西大山遗址；古文化遗址	石头房；四合院；山－海－村	山－海－村
街巷脉络	网格型	树枝型	网格型
聚落格局	海岛型	海岛型	海岛型
信仰风俗	龙山文化；岳石文化；历史文化；渔俗文化；党建文化；妈祖文化	红色文化、渔家文化、传统文化	山海文化、渔家文化、神话传说、海神信仰、渔俗文化
节日庆典	祭海、拜妈祖	海神节	祭海
自然生态	农田格局；海洋格局	山水格局；海洋格局	海洋格局
景观格局	均匀型分布格局	团聚式分布格局	团聚式分布格局

北城村借助东部北城湾得天独厚的海域资源优势，开发赶海和海上垂钓旅游项目，发展海上休闲旅游业，打造长岛海上休闲游品牌，同时通过"美丽渔村"建设工作，改善村庄环境，为发展旅游服务业奠定了良好基础。马埠崖村村民世居海岛，以渔耕为业，发展近滩捕捞，建设养殖区，实行贝藻养殖和网箱养殖。

北城村三面为海，一面为山，建筑为石头房，有红瓦和灰瓦两种，村内有古文化遗址、古墓群和古城遗址等多处遗址，整体村庄形态为网格状，街巷整齐，路网清晰。马埠崖村内仍留有历史民居，即养马岛特色建筑石头房，它以围合成三、四合院的形式存在，村内中心地带建了一处 4800 多平方米的大型文化广场，改造了村文化大院，为村民和游客提供休闲娱乐场所。

北城村四周有山有海，周边有半月湾、九丈崖、望福礁等著名旅游景点，生态空间相对较好。马埠崖村村庄整体风貌完整统一，民居淳朴，绿化景观较为完善。

（2）小结

通过文化基因调研和分析，总结概括出海岛型乡村有以下几个特点：①旅游发展态势一般，主要以渔业养殖为主要产业，自然资源良好，整体文化基因传承为一般。②村子内的建筑特色一般，不够统一，且有较多现代建筑。村内文化遗迹较多，但保护措施和传承度不够。③整体文化基因传承相对于其他乡村来说一般，有一定的改造空间，应该对其滨海文化基因建立整体的保护与传承策略，以应对新时代的发展需求。

4.2　旅游者文化基因感知分析

选取近几年胶东滨海乡村文化基因的相关网络评价进行分析，得到游客对胶东滨海文化基因的感知评价。利用网络文本分析法研究胶东滨海乡村旅游者文化感知形象，首先采用ROST Content Mining 软件对 8 个乡村中与文化相关的网络评价提取高频词汇和语义网络等进行分析，获取游客对胶东滨海文化基因感知形象。

4.2.1　线上游客样本数据分析

4.2.1.1　网络文本的收集

网络评论除了可以记录旅游过程中旅游者自身的经历，同时也可为潜在旅游者提供旅游参考信息和目的地的评价要素。滨海乡村网络评价是旅游者根据自己的文化水平、阅历经验和感受体验，对所游历的滨海乡村的内容、感受和活动等进行评价记录的内容。

通过百度筛选出排名前 5 的旅游网站，分别为到到网、马蜂窝、携程旅行网、去哪儿和户外资料网（表 4-5）。其中到到网和户外资料主要针对国外旅游，因此将其剔除，同时增加微博评价作为样本来源，最终确定了数据来源为马蜂窝、去哪儿网、微博、大众点评网和携程网 5 个网络平台。选取时间为 2015 年 1 月至 2020 年 9 月，选取内容以胶东滨海文化基因感知评价为主。采用八爪鱼采集器对数据进行收集，共收集关于 8 个乡村的评价和游记内容，共计 11310 条。

旅游网站排名
表 4-5

行业排名	旅游网站	Alexa 排名	百度权重	PR	反链数
1	到到网	2325654	1	8	6433
2	马蜂窝	7192	9	7	3694
3	携程旅行网	4040	9	7	63352
4	去哪儿	12116	7	7	52216
5	户外资料网	10611	7	7	2272

数据来源：旅游网站 – 旅游网站排名 – 网站排行榜

4.2.1.2　内容分析法

内容分析法就是对所收集文本内容进行系统、客观、科学的分析，通过将定性的文本内容转化为定量的数据，能够有效地获得游客对滨海乡村真实、直观的印象和评价。研究采用 ROST Content Mining 软件进行数据处理和文本内容分析。

4.2.1.3　文本内容预处理

由于游客的不同类别，网络评价文本的内容也有一定的差异性和不准确性，为了保证对文本最大限度地提取和文本内容的贴合准确性，因此对文本内容进行预处理。首先整理筛选剔除了和不相关的文本资料，包括重复的和不相关的内容，最终获得可作为参考的评价和游记 10533 条。经过研究只选取了文本的文字内容，收集到文本文档中，采用 ROST Content Mining 软件对 8 个滨海乡村的网络评价文本内容进行分析，包括对文本进行分词处理，启用过滤词表和不输出单字词，过滤无意义词，包括"我们""一次""的""得"等对滨海乡村无意义的词进行去除，对预处理过的词汇进行保存，为下一步内容分析做好基础。

4.2.1.4　文本内容分析

通过对处理过的文本进行高频词汇分析，从而探究游客对山东滨海文化基因感知形象所关注的内容，揭示山东滨海文化基因感知形象的深层次内涵和发展规律。通过 ROST Content Mining 对文本词频分析，得到关于游客对山东滨海文化基因感知形象的网络评价和文化基因高频词汇，去除无意义、不相关的词汇，提取出了排名前 60 个高频词汇（表 4-6）。

关于滨海旅游型乡村文化的网络评价和游记的前 60 个高频词汇　　表 4-6

排名	词汇	频次统计	排名	词汇	频次统计	排名	词汇	频次统计
1	特色	1549	21	渔民	320	41	房子	170
2	民俗	1512	22	空气	319	42	海风	164
3	海鲜	1364	23	美丽	311	43	游泳	164
4	建筑	1277	24	安静	309	44	清澈	145
5	景点	1186	25	仙境	289	45	明亮	136
6	环境	1073	26	艺术	287	46	干净	123
7	海边	1069	27	海滩	284	47	山林	118
8	房间	961	28	距离	257	48	蓝天	116
9	村落	900	29	广场	248	49	放松	114
10	景色	858	30	海鸥	246	50	海湾	114
11	整洁	787	31	宽敞	240	51	舒心	113
12	设施	682	32	地理	232	52	古朴	110
13	渔村	659	33	民居	208	53	美景	110
14	风景	654	34	海景	206	54	独特	105
15	休闲	632	35	清新	203	55	赶海	103
16	码头	473	36	度假	197	56	风光	102
17	大海	440	37	自然	194	57	日落	96
18	沙滩	370	38	步行	175	58	配套	96
19	交通	365	39	海草房	172	59	美食	95
20	山地	341	40	月亮	171	60	栈道	93

这些词汇中以名词为主,主要应用在地理位置、乡村环境等方面;形容词主要表现游客对滨海乡村文化印象及其环境的感受;动词主要反映游客在村内的各种活动行为。

通过对这 60 个高频词汇分析可知,"特色""民俗""海鲜"等词排在前面,说明游客对乡村文化的关注点在民俗文化和饮食文化方面,并对此部分评价满意。"设施"排在 12 位,频次达到 682 次;"房间"排在 8 位,频次为 961 次;"休闲"排在 15 位,频次为 632 次,说明游客对配套服务和交通这几部分较为关注。"大海""沙滩""建筑"和"码头"等词汇则说明游客对滨海乡村的建筑文化和自然资源关注。"度假""休闲""放松"和"舒心"等词汇说明滨海乡村为游客提供一个良好的文化环境,且游客对这部分的关注度高。提取出来的 60 个高频词汇进行分类分析,可以将其分为 7 个大类,分别建筑文化、民俗文化、饮食文化、配套服务、娱乐活动、旅游业、自然资源、周边环境和整体感受(表 4-7)。

关于高频词汇分类 表4-7

生活类	建筑文化	建筑；房间；码头；民居；海草房；房子；村落
	民俗文化	特色；民俗；渔村；渔民
	饮食文化	海鲜；美食
	配套服务	配套；交通；设施；距离；步行
	娱乐活动	游泳；赶海
生产类	旅游业	景点
生态类	自然资源	空气；蓝天；日落
	周边环境	地理；海边；大海；沙滩；山地；自然；海风；山林；海滩；海景；环境；景色；风景；海鸥；广场；栈道；风光；美景；海湾
评价	整体感受	休闲；安静；清新；度假；清澈；明亮；干净；艺术；放松；整洁；美丽；仙境；宽敞；独特；古朴；舒心

4.2.1.5 情感态度分析

游客的情感态度是对滨海乡村文化基因的直接印象。通过ROST Content Mining软件，计算分词后的词语与正、负极性种子词汇之间的语义关联度，分析游客对滨海乡村文化基因的情感态度。可以发现游客对滨海乡村文化基因的喜爱认同较高，积极情绪达到88.26%，多为一些"明亮""休闲""放松"和"舒心"等积极性词语，再游率高和乡村环境满意度高。其中4.33%的消极情绪，出现"闷热""冷清"和"一般"等消极性词语，认为基础服务设施比较弱、便利性不够、餐饮性价比一般等。此外，约有7.41%的游客对景区印象持中性态度（表4-8）。

关于滨海乡村评价的情感态度分析 表4-8

情感态度	数量（条）	百分比
积极情绪	9297	88.26%
中性情绪	780	7.41%
消极情绪	456	4.33%

其中，情感态度分析结果（表4-9）中积极情绪分段中高度的比例达到35.18%，中度的达到27.79%，消极分段中的高度消极的评价只有5条，为0.05%，综合而言，游客对滨海乡村的情感态度趋于良好。对游客评价内容进行分析得到正面积极情感和负面消极情感（表4-10）。

4.2.1.6 语义网络分析

通过ROST Content Mining软件进行语义网络分析，得到各评价词汇之间的关系，形成网络结构图（图4-1）。图中"特色""民俗""海鲜"为主要核心圈，"建筑""景

情绪分段统计结果　　　　　　　　　　　　　　表 4-9

倾向	等级	数量（条）	百分比
积极情绪分段	一般（0~10）	2664 条	25.29%
	中度（10~20）	2927 条	27.79%
	高度（20 以上）	3706 条	35.18%
消极情绪分段	一般（-10~0）	390 条	3.70%
	中度（-20~-10）	61 条	0.58%
	高度（-20 以下）	5 条	0.05%

情绪分段统计内容　　　　　　　　　　　　　　表 4-10

倾向	内容
正面积极情感	仿若人间仙境，开心的周末；美丽的小渔村、远离城市繁华，有古朴气息；幸福指数比较高的渔村；白云、山地和绿水，一个美丽的渔村；很棒的民宿，服务好，有特色，环境幽雅；村子很美，远眺大海，景色很好；服务非常热情，地理环境优美，空气清新等。
负面消极情感	房子与周围格格不入；长途跋涉，距离太远了；周边环境一般般，没什么东西；有点冷清，没有什么人；味道一般，海鲜太老了，口感太硬；价格有点贵；住宿环境一般，设施老旧等。

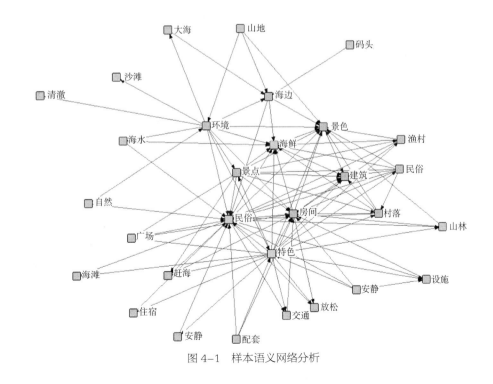

图 4-1　样本语义网络分析

点""环境""海边""房间"和"村落"等为次核心圈，节点和线条共同构成的是游客对于滨海乡村的关注点。与"特色"相连接的有"设施""赶海""山林"和"住宿"等；与"海鲜"相连接的有"海边""环境"和"渔村"等，也体现出了游客对物质文化景观环境的关注；与"民俗"相连接的有"建筑"和"广场"等。对核心圈和次核心圈的进一步关注和丰富，有"码头""山地""清澈""古朴"和"放松"等词语。通过对文本语义网络分析得到的三层结构，将游客对乡村文化关注体系相对完整地呈现出来。

4.2.2 线下游客样本数据分析

通过对胶东的青岛、威海、烟台3市8个滨海乡村文化传承情况进行实地调研，收集数据以评价乡村文化基因传承现状，得出线下游客关注的山东滨海文化基因。

4.2.2.1 调研设计原则

山东滨海乡村文化基因评价是指，由滨海乡村文化各方面的特性及其相互联系的多个指标所构成具有内在结构的有机整体。为了山东滨海乡村文化基因评价的科学性和全面代表性，在构建时一般要遵循以下原则：

（1）典型性原则

应遵循典型性原则，要因地制宜、发挥优势，与乡村的经济条件发展相适应。尽可能准确地反映出滨海乡村文化的综合特征。在选择调研内容时，要具有典型性，既不能过于繁多和重复，也不能太过于简单，避免出现不清楚和信息遗漏情况。如果遇到指标不能够被全部留下，数量需要减少的情况，也要保证留下来的指标具有较高的代表性，便于后期数据计算和保证结果的可靠性。

（2）动态性原则

胶东滨海乡村文化的发展是一个动态性的过程，不仅要考虑当下乡村文化发展的特点和状况，还要充分考虑乡村文化的动态变化，所以要多时间和多频率地进行数据的收集，保证在较长时间内所选择的问题具有实际意义。

（3）系统性原则

系统性原则要求把胶东滨海乡村文化作为一个系统，强调其系统性，其中评价指标体系的覆盖面必须广，并能准确反映出不同层次和不同子系统之间各要素的有机构成。以山东滨海乡村文化目标的优化为准绳，协调系统中各子系统之间的关系，使系统全面、平衡。

（4）可量化和可操作原则

山东滨海乡村文化评价的实践性较强，选取的指标应该具有可量化的特点。首先，在保证指标可以较好反映山东滨海乡村文化特点的前提下，能够直接得到或者通过计算间接得到指标数据，以保证评价数据的可操作性。调查访问部分主要以选择题形式为主，降低资料填报难度。因考虑到游客的专业素养有限，所以调查导则表所定义的概念需要简单明了，通俗易懂，这样才能提高调查结果的准确性。

4.2.2.2　调研方案设计

通过山东滨海文化基因初步分类体系和对 8 个乡村的网络评价的语义分析结果，针对山东滨海文化基因设置了内隐性和外显性两个角度入手。根据山东滨海文化基因初步分类体系、网络评价分析和实地调研，最终设计问卷内容（1）（表 4-11a）。

（1）问卷内容调研

问卷内容（1）　　　　　　　　　　　　　　　　　　　　表 4-11a

第一部分：个人特征部分	
性别	□女　　　□男
年龄	□ 20 岁以下　　□ 21~30 岁　　□ 31~40 岁　　□ 41~50 岁 □ 51~60 岁　　□ 61 岁以上
成长地	□城市　　□乡村
文化程度	□小学及以下　　□初中　　□高中　　□中专或大专　　□大学本科 □研究生以上
第二部分：活动特征部分	
接受的交通时间是	□≤ 1 小时　　□ 1 小时左右　　□ 2~3 小时　　□≥ 3 小时
平时旅游时间多吗	□经常　　□周末及节假日　　□有时　　□偶尔　　□从不
您愿意参与乡村旅游吗	□非常愿意　　□愿意　　□一般　　□不愿意　　□非常不愿意

（2）问卷内容设计

问卷设计了三部分。第一部分是对受访者的基本信息统计，包括年龄大小、文化程度、收入和居住地类别。第二部分是对胶东滨海文化基因和活动特征进行了解。

第三部分（表 4-11b）问卷内容（2）是对山东滨海文化基因传承与乡村营造现状进行统计的重要部分。调研过程中的要点有生产类因子、生活类因子和生态类因子。网络评价中游客主要关注的有民俗文化、饮食文化、建筑文化、自然资源、周边环境、配套服务、行为活动和评价几部分，结合相关论文乡村文化研究基础和胶东滨海乡村具体情况设置得到问卷第三部分。

问卷内容（2）　　　　　　　　　　　　　　　　　　　　表 4-11b

第三部分：因子部分					
评价因子	很影响	影响	一般	不影响	很不影响
特色民宿	5	4	3	2	1
建筑风貌	5	4	3	2	1
聚落格局	5	4	3	2	1
饮食文化	5	4	3	2	1

续表

第三部分：因子部分				
评价因子	很影响	影响	一般	不影响	很不影响
生活习俗	5	4	3	2	1
文化信仰	5	4	3	2	1
历史文化	5	4	3	2	1
自然风光	5	4	3	2	1
生产景观	5	4	3	2	1
娱乐活动	5	4	3	2	1
手工技艺	5	4	3	2	1
道路系统	5	4	3	2	1
配套服务	5	4	3	2	1
周边环境	5	4	3	2	1
公共空间	5	4	3	2	1

4.2.2.3 调研问卷结果分析

（1）整体调查者基本信息

分析调研问卷基本信息结果可以看出，女性401人，占总人数的54.5%，男性335人，占总人数的45.5%，从总体上看数量基本持平，说明滨海乡村空间对男性和女性的吸引力基本相同。

由于研究的对象是山东滨海乡村文化基因传承，从表中可以看出生长地为城市游客较多，人数达到468，占总人数的63.6%；而生长地为乡村游客的人数为268，占总人数的36.4%。来源为城市的游客生活环境明显区别于乡村。在调研中还发现，游客生长地来源为乡村的多为外地游客，且生长地多为内陆型乡村。由此可见，滨海乡村不仅对城市居民是有很大吸引力，对内陆型乡村的居民也有一定的吸引力。

从年龄分析可以看出，31~40岁这个年龄段的人最多，这个阶段的游客多为家庭式旅游，一般都是组团式旅游。排在第二的是21~30岁，这个阶段的人多为情侣和年轻人，生活压力不大，生活具有激情。41~60岁之间的游客也达到22.4%，此阶段人群收入稳定，有一定的经济基础。20岁以下的游客达到19.3%，多为高中生和大学生，以节假日外出游玩和组团写生活动为主。61岁以上的最少，占2.3%，这部分多为老年旅行，多采取跟着旅行团或者组团拼车旅游的方式，也有孩子陪同旅行的方式。

在文化程度方面，本科学历的人最多，其次是专科学历，高中和初中排在三四位，小学和研究学历的人群较少，由此可以得出滨海乡村的游客学历还是普遍较高的，对乡村旅游的接受度也高（表4-12）。

调研问卷基本信息结果分析　　　　　　　　表 4-12

类别	分类	频数（次）	百分比
性别	男	335	45.5%
	女	401	54.5%
来源	城市	468	63.6%
	乡村	268	36.4%
年龄	≤ 20 岁	142	19.3%
	21~30 岁	186	25.3%
	31~40 岁	226	30.7%
	41~50 岁	107	14.5%
	51~60 岁	58	7.9%
	≥ 61 岁	17	2.3%
学历	小学及以下	58	7.9%
	初中	98	13.3%
	高中	142	19.3%
	中专或大专	215	29.2%
	大学本科	201	27.3%
	研究生以上	22	3.0%

（2）活动特征分析

活动特征部分包括游客的交通时间、旅游频率，以及是否愿意参加乡村旅游，这些问题旨在了解游客对滨海乡村旅游的接受程度和活动选择，以便确定第三部分影响游客选择山东滨海乡村的主要内容。

滨海乡村地理位置多远离城市，因此，通过对游客抵达乡村的交通时间可以了解游客与乡村的距离和主要来源地。排在第一位的是 1 小时左右，说明这部分游客距离乡村不是太远，多为本地城市居民。排在第二的是 2~3 小时，这部分游客距离也相对较近，多为周边城市游客。排在第三的是 3 小时以上，这部分游客多为外地和外省游客，对滨海乡村感兴趣，进而选择游玩。排在最后的是小于 1 小时，可以得出，游客距离较近的较少，这正是由于乡村旅游的特殊性，游客会选择与自己生活环境不同的地方进行游玩，环境区别越大，选择滨海乡村的可能性越大。

旅游时间分析可以看出，大部分游客会选择周末和节假日进行滨海乡村旅游，这是由于乡村旅游的特殊性和时间性。乡村景观包含的方面较多，不是短暂的行为，所以时间较长，因此节假日和周末的游客最多，很多游客会选择在当地居住。排在第二的是"有时"进行滨海乡村旅游，约 29.9%；选择"经常"的游客占 12.09%；选择"偶尔"的游客为 13.9%。

由此可以看出"经常"和"偶尔"的游客数量差不多，但都不多，大部分还是"有时"和周末及节假日。因此滨海乡村旅游还需考虑游客就地居住等问题。

游客参与乡村旅游意愿的调研中可以明显看出，78.4%的人都选择参加乡村旅游，由此可见人们对乡村旅游的热度还是很高的。近年来，乡村旅游的发展越来越快，人们更倾向于具有特色的乡村旅游，滨海乡村以其滨海地域特色的优势，吸引了更多的人参与其中（表4-13）。

调研问卷基本信息结果分析　　　　　　　　　　　表4-13

类别	分类	频数（次）	百分比
交通时间	≤1小时	80	10.9%
	1小时左右	298	40.5%
	2~3小时	215	29.2%
	≥3小时	142	19.4%
旅游时长	经常	89	12%
	周末及节假日	325	44.2%
	有时	220	29.9%
	偶尔	102	13.9%
是否愿意参与乡村旅游	非常不愿意	16	2.2%
	不愿意	43	5.8%
	一般愿意	100	13.6%
	愿意	378	51.4%
	非常愿意	199	27.0%

（3）评价因子分析

滨海乡村文化基因传承部分是对影响其基因现状的15个感知因子的均值、众数和标准差进行分析。通过游客的打分计算结果，筛选出游客选择滨海乡村的重要因子。从表4-14可以看出，众数为3（一般）、4（有影响）、5（非常有影响），说明游客对于选择滨海乡村跟这些因子都有关系。其中特色民宿、建筑风貌、配套服务、饮食文化、自然风光和文化信仰等这些感知因子的众数都为5，说明它们在乡村文化评价因子中具有很大影响力，十分重要。生产景观和聚落格局的众数为3，一般乡村的气候舒适度是高于城市的，很多游客来滨海乡村旅游也是为了放松生活，这两个因子均值都在3.4以上，说明也是受到游客重视的。

表中均值都在3以上，这些因子都有一定的影响度，其中特色民宿、建筑风貌和饮食文化这几个因子的均值在4.50以上，这说明这些因子都可以促进和有利于提高滨海乡村文

评价因素均值排列表 表 4-14

排名	影响因子	平均值	众数	标准差
1	特色民宿	4.51	5	0.562
2	建筑风貌	4.50	5	0.617
3	配套服务	4.23	5	0.850
4	饮食文化	4.53	5	0.657
5	自然风光	4.05	5	0.903
6	文化信仰	4.13	5	0.845
7	历史文化	4.08	4	0.817
8	生产景观	3.43	3	0.948
9	生活习俗	3.76	4	0.832
10	聚落格局	3.56	3	0.911
11	娱乐活动	3.80	5	1.063
12	道路系统	4.05	5	0.830
13	手工技艺	4.11	4	0.713
14	周边环境	4.02	5	0.869
15	公共空间	4.08	5	0.884

化基因的传承。标准差越小，数组离散越小。标准差的数据都比较小，说明数组离散度不大，其中娱乐活动的标准差大于 1，说明游客在打分时，对于娱乐活动的看法不太相同，平均值是 3.80，众数为 5，更加说明了游客评价该因子时，有高有低，但众数为 5 说明游客对该因子还是十分重视。

4.3 村民文化基因感知分析

滨海乡村承载着历代村民的生活，记录着村庄的历史发展，是所有村民的精神依托与信念支柱，更是体现了人居环境的精神与魅力所在。在对村民进行调研的过程中，充分考虑了其对乡村的情怀以及热爱度、对乡村历史文化以及自然环境的熟知度（表 4-15）。

4.3.1 感知变量确立

4.3.1.1 预调研数据采集

滨海乡村村民的收入来源主要以渔业、种植业以及衍生产业为主，近年来受乡村土地改革影响，村民收入并不乐观，与城市居民的收入差距依然较大。大量年轻人选择外出打工为生，

感知变量访谈问卷 表4-15

序号	问题
Q1	您是否了解乡村景观？
Q2	您认为乡村文化都有哪些？
Q3	您了解您的村庄起源吗？
Q4	您认为依托海洋的乡村文化都有哪些？
Q5	您生活的村庄中有哪些传统节日习俗？
Q6	您生活的村庄中有哪些传统技艺？
Q7	您生活的村庄中有哪些精神信仰？
Q8	你认为您生活的乡村地形地貌有什么特色？
Q9	您生活的村庄生活生产方式具体都有什么？
Q10	您生活的村庄中有什么特色建筑？
Q11	您生活的村庄中有哪些历史事件的发生？
Q12	您生活的村庄中有哪些神话传说，历史名人？
Q13	您认为您生活的村庄还有哪些传统特色？

导致村中青壮年数量急剧下降，因此将村民分为了村内居民与村外居民两部分。滨海乡村的基础资料并不丰富，所以为了确保资料的全面与科学性，在本次预调研的过程中主要选用文献检索、拍摄记录、访谈、对比总结等方式，通过大量的走访调研，综合各个村庄的基本概况、传统文化、历史习俗、现存建筑等各个方面，提炼影响滨海乡村规划建设及文化传承的相关因子，为后续规划做指导。

4.3.1.2 预调研感知变量确立

为了确保感知变量的客观性与全面性，笔者选择天气晴朗的时间进行调研，采用一对一的方式就初步确立的感知变量对村民进行访谈，共访谈了113人次。

村民群体是一个简单的群体，受自身因素的制约，对滨海乡村的感知并无较大差别，具有较高的真实性。在针对村民的访谈归纳中，在确保准确性的基础上，对乡村感知变量的内容描述进行通俗化处理，便于村民能够准确快速地理解；并将文献总结的感知变量与村民访谈结果相耦合，进行整理归纳。最终发现村民关注的文化基因主要为：村落起源、神话传说、宗族色彩、红色文化、生产生活方式、节庆活动、美食文化、传承技艺、地质地貌、传统民居、乡土材料、海洋空间、植物形态、古建筑，共14个。

4.3.2 村民样本数据分析

对山东的青岛、威海、烟台3市的8个滨海乡村文化传承情况进行实地调研，收集数据和评价乡村文化基因传承现状，得出村民对山东滨海乡村及其文化景观的满意度。

4.3.2.1　调研方案设计

针对山东滨海文化基因，调研从内隐性和外显性两个角度入手。本章将继续以上文选取的 8 个滨海乡村作为调研地，以村民为调研对象。先了解乡村客观的现存状况，然后通过调研问卷的形式，对其存在时间、文化表达进行检验，与观察结果相互印证；继而通过 SD 评价方法，了解村民对于前文中所得出的各项变量的评价情况，再进行各变量指标与村民满意度的相关性分析，得出文化基因在保护传承与改造提升中的设计侧重点，更好地指导滨海乡村文化基因的可持续发展。

SD 法即"语义差别法"，是 1957 年美国心理学家提出的一种关于心理测试的方法。SD 法是通过语言尺度对心理感受进行测评的一种方法，将被测评者的感受量化为具体数值。SD 法最初在 20 世纪 70 年代被我国学者使用在对绿色建筑的研究中，之后逐渐与相关分析法、因子分析法、聚类分析法等方法相结合，在各个领域取得结论。使用 SD 法对滨海乡村文化基因进行分析，可以得出文化基因的质量与满意度，继而分析影响满意度的感知变量，为基于文化基因的乡村规划设计提供理论支撑。

问卷具体设计过程中，通过前期对文献书籍等资料的收集以及与经验丰富的专家学者与从业人员的沟通，确定第一阶段的调查内容，并制定出问卷；然后向专业人士发放问卷，询问问卷设置的合理性；再通过实地向村民发放少量问卷进行预调研，调整难以回答或价值不高的问题，确保问卷内容可行性；最终形成正式问卷。

调查问卷由三部分组成：卷首语、村民基本信息、SD 语义差别评价表。基本信息包括村民的性别、年龄、成长地、居住时间等（表 4–16）。

问卷内容　　　　　　　　　　　　　　　　　　　　表 4–16

第二部分：基本信息部分	
性别：	□女　　□男
年龄：	□ 20 岁以下　　□ 21~30 岁　　□ 31~40 岁　　□ 41~50 岁　　□ 51~60 岁 □ 61 岁以上
成长地：	□本地　　□外地
居住时间：	□ 10 年以下　　□ 10~20 年　　□ 20 年以上

SD 语义评价为两种类型 14 项变量的评价，包括单个感知变量的景观满意度评价以及对乡村的整体满意度评价，其形容词对如表 4–17 所示。对村民进行需求与偏好调查，包括村民在乡村中喜欢进行活动的场地、对各个景观是否存在以及改造的必要性、喜欢的景观类型，最后请村民们自由填写期待与建议（表 4–17）。

SD 形容词对   表 4-17

序号	变量	扩展形容词对（20 分 ~-20 分）
01	村落起源感知	满意的—不满意的
02	神话传说感知	丰富的—单调的
03	宗族色彩感知	传承的—遗失的
04	红色文化感知	满意的—不满意的
05	生产生活方式延续	延续的—遗失的
06	节庆活动传承	满意的—不满意的
07	美食文化	满意的—不满意的
08	传承技艺感知	传承的—遗失的
09	地质地貌满意度	满意的—不满意的
10	传统民居遗留	保留的—遗失的
11	乡土材料应用	应用的—不应用的
12	海洋空间利用	丰富的—单调的
13	植物形态感知	满意的—不满意的
14	古建筑遗留	保护的—破坏的

4.3.2.2 调研结果分析

（1）整体调查者基本信息

根据表可知，女性 244 人，占总人数比重 52.1%；男性 224 人，占比 47.9%。总体来说数量基本相同，也间接证明滨海乡村村民男女占比大致相同。

出生地在本地的有 384 位，占总人数的 82.1%；出生地在外地的村民大多数由于嫁娶、工作等原因来到村中的，共 84 位，占总人数的 17.9%。总体上滨海乡村的村民大多数属于原住民，滨海乡村对于外来人口定居的吸引力较低。

调研结果显示，小于 20 岁的村民仅有 7 个，占比太小，不具有代表性。21~30 岁的村民 48 位，占总群体的 10.3%，这个年龄段的年轻人学历普遍较高，大多数处于在外求学或刚步入工作的阶段，所以基本没有留在乡村居住；31~40 岁的村民 107 位，占总群体的 22.9%。这两个年龄段基本上全部为居住于村外的村民。由于滨海乡村经济收益远低于城市，青壮年生活压力大，从而选择留在外地不返乡；留在村内居住的大多数任职为村干部等职位。所以如何提高滨海乡村经济收益，吸引年轻群体返乡也是未来需要面临的严峻现实问题。40~50 岁年龄段的村民 127 位，占总群体的 27.1%，大多数属于居住在村内的居民，这部分人群无论村内外居住，都生活稳定，有一定的经济基础。50 岁以上的这个年龄段的村民

186 位，占总人数的 39.7%，主要来自居住在村内的居民，大多数身体健康与伴侣一起生活，说明老年人更愿意留在乡村生活，较少会选择离开家乡生活，是乡村居住生活的主要群体之一（表 4-18）。

调研问卷基本信息结果分析　　　　　　　　　　表 4-18

类别	分类	频数（次）	百分比
性别	男	224	47.9%
	女	244	52.1%
出生地	本地	384	82.1%
	外地	84	17.9%
年龄	≤ 20 岁	7	—
	21~30 岁	48	10.3%
	31~40 岁	107	22.9%
	41~50 岁	127	27.1%
	≥ 51 岁	186	39.7%
居住时间	≤ 10 年	44	9.6
	10~20 年	35	7.3
	≥ 20 年	389	83.1

笔者对滨海乡村村民的居住时间进行统计，居住时间少于 10 年占 9.6%，这部分村民主要因为工作、婚嫁等因素居住在乡村，或因去外地求学以及务工而在村外居住；10~20 年的村民占总群体的 7.3%；超过 20 年的村民占总人数的 83.1%，他们大多数目前仍居住在村内，这也间接说明了目前仍留在乡村中的村民绝大多数为土生土长的本地人。

（2）变量满意度分析

对于乡村的整体满意度方面，村民打分最高的是 20 分，整体平均值仅为 1.91 分。在乡村景观的满意度中，平均值最高的为海洋空间感知 12.31 分，宗族色彩为最低 -0.21 分，且是唯一一项满意度为负的变量因子。总体来说，村民对乡村整体的满意度低于对乡村景观的满意度（表 4-19）。

将感知因子分为内隐性感知变量与外显性感知变量，利用 SD 法对问卷调研数据进行分析，通过村民的打分信息、来总结确定每个感知因子的村民满意度数据以及满意度趋势。该评价体系的构建可以为基于文化基因的滨海乡村规划设计策略的建构提供更为科学的支撑。

变量满意度排序表　　　　　　　　　　　　　　　　　　　　　表4-19

排序	影响因子	满意度（分）	排序	影响因子	满意度（分）
1	海洋空间感知	12.31	8	节庆活动感知	4.63
2	地质地貌感知	11.77	9	生产生活方式感知	4.32
3	传统民居感知	11.00	10	红色文化感知	3.82
4	乡土材料感知	8.63	11	美食文化感知	2.91
5	传承技艺感知	8.08	12	村落起源感知	1.88
6	植物生态感知	6.03	13	神话传说感知	0.81
7	古建筑感知	5.62	14	宗族色彩感知	-0.21

提取方法：主成分分析法

第 5 章

山东滨海乡村的文化基因表达

在前文理论研究和感知评价的基础上，选取滨海山地型、滨海平原型和海岛型的代表性乡村，依托其特色文化基因展开详细规划设计研究，提出山东滨海乡村文化基因的保护传承表达策略与当代。

5.1 滨海山地型乡村

5.1.1 韧性共生——黄山村

在城乡一体化和生态城市发展背景下，紧邻青岛市区的黄山村既可以享受市区优质资源要素，又有乡村的特色风貌，因此在乡村迭代发展中承担起传承特色传统文化、提供生态屏障和休憩空间的重要功能。

韧性共生指导乡村建设，可以立足多要素发展的角度，严守生态红线，着力保护生态环境，构建乡村的生态韧性，同时加强对乡村文化基因的挖掘，补齐乡村基础设施短板。

5.1.1.1 黄山村基本情况

黄山村坐落于崂山东麓，东面崂山湾，西依黄山崮，南邻黄山口村，北邻长岭村，整个地势西高东低，三面环山，一面临海。明万历年间，黄山大部分山岚、土地属于即墨一个兵部尚书家族产业，黄山佃户在此居住。随后有隋、林、张、王姓的先祖相继迁入，在黄山岗东侧临海处建村，故以山命名黄山村。

作为滨海山地型乡村，依托地貌优势，黄山村形成了海产养殖捕捞、茶叶种植和旅游服务等主导产业。同时作为禁止开发区的乡村，在提升改造上又受崂山风景区和青岛海岸线等规划限制，因此策略构建应充分考虑影响机制，以便更符合乡村发展需求。

5.1.1.2 黄山村发展研究

1. 乡村空间分析

1）滨海山地地形

崂山东部高而悬崖傍海，西部缓而丘陵起伏，属胶东低山丘陵的一部分。黄山村坐落于崂山东麓，整个地势西高东低，所呈现的景观风貌具有岛城特质。由于背山面海，自然景观风貌较好，形成了从南到北依次为山、村、田、海的空间格局，呈现出"田绕村庄里，村在山海中"的风貌特色（图5-1）。

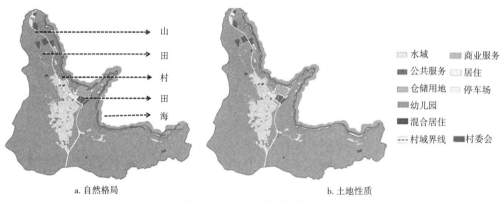

a. 自然格局　　　　　　　　　　　　　　　b. 土地性质

图5-1　黄山村基础格局图

受到崂山风景区的管控，黄山村的乡村格局呈现相对稳定的状态，村域范围内大部分为非建设用地，其中农林用地占绝大多数。土地格局经过长时间的沉淀逐渐稳定，田与林、林田与生活区的面积从互相挤压转换为固定。

居住和建设用地区顺应山体走势，形成沿山谷方向蔓延的形态，使得建筑和道路都能得到缓冲，同时为了应对高差带来的自然影响，山林防护和排水设施逐步完善。受山地地形影响，形成较多不规则空间，使建设用地中碎片化的用地并未发挥作用，乡村用地本身就紧凑的山地型乡村未能形成服务于乡村的公共空间网络。

滨海山地给黄山村带来自然美景和优秀资源的同时，也给乡村带来建设和提升的难点，为了更进一步指导策略实施，需对乡村空间韧性进行分析。

2）黄山村的空间韧性分析

（1）建筑院落韧性

乡村空间安全应从村民的人身安全视角考虑，所以将建筑和院落安全作为首要考虑要素。黄山村历史悠久，建筑也随时间在乡村留下不同时期的印记，黄山村西部新建区建筑质量优，但东部老村的建筑质量就相对较差，部分建筑已经年久失修。村庄空置建筑80余栋，空置率达30%，将现状村庄建筑按照质量状况梳理，主要分为三类，如表5-1所示。

通过对建筑按照质量进行分类，可以看出黄山村有部分迫切需要拆除的老旧建筑，空置建筑也多为此类型建筑，通过对质量较差的建筑进行清理可为黄山村梳理出更多的建设用地，为后期村庄规划提供可利用地。一般建筑需要尽快地升级改造，因为建筑安全是村民生活居住的最低保障，尤其是在山地地形上，所以建筑的安全稳固更为重要。

建筑现状　　　　　　　　　　　　　　　　　　　　　　　　　　　　　表 5-1

建筑质量	现状
建筑质量较好	新建建筑，以砖混结构为主，主要分布于村庄西侧
建筑质量一般	主要为砖结构，大多分布于村庄中部，建造于 20 世纪 70~80 年代，建筑质量一般，规划将逐步更新、改造
建筑质量较差	主要分布在村庄东侧，建设年代久远，规划近期拆除

（2）道路交通韧性

依靠渔船码头的水上交通和背靠崂山的山地交通构成黄山村的道路体系，水上交通的安全关系到海产渔业的发展，随着产业需求和生产技术的提升，对水上交通用地的需求也随之增加，海域和临海道路并未与需求相匹配，协同发展的能力有待提升。

黄山村位于崂山风景区内，与外界通过一条主干道相连，山体与外界沟通的主要道路较为清晰。黄山村村域内的盘山步行系统初现规模，但由于坡度、地质等原因，道路条件也亟待改善。道路构成乡村的骨架，道路安全的维护需要对症下药，黄山村在滨海山地地形中呈现的主要道路安全问题如表 5-2 所示。

道路安全问题　　　　　　　　　　　　　　　　　　　　　　　　　　　表 5-2

特征		现状
山地	外部	路幅窄，停车区域杂乱，无法满足游客和机动车的需求
	内部	未硬化道路较多，占比约 40%；道路不连贯，未贯通山路较多；山间道路碎石多，存在安全隐患；缺少道路指引标志
滨海	临海	码头接驳交通条件不完善，卸货运输场地不足；缺少滨海步行栈道，缺少近距离滨海体验
	海上	容量不足以支撑村内的海产渔业发展，码头规模较小，岸边防波堤不完善

（3）公共空间韧性

乡村的生产性公共空间是有特定需求的开放空间，人们主要进行生产活动，可以很好地展现"人"与"地"的关系。黄山村的生产空间植入于山体和滨海岸线之中，与自然联系密切，可最大限度地享受自然带来的产业资源。但也使得这类空间功能比较单一，且被村民分割，相同功能的用地破碎化，影响自然环境（表 5-3）。

乡村生活性公共空间是由乡村居民居住、就业、消费和休闲等日常活动叠置而成的空间聚合体，应以乡村居民的日常生活为切入点。但是黄山村的公共空间缺乏生机，主要有两点原因：一是由于山地型乡村的特质，过于紧凑和密集的建筑环境使得公共空间不好梳理合并；二是由于农村的生活习惯，村民大部分时间在田间劳作或在自家庭院劳动，因此对公共空间的使用频率极为低下，因为公共空间常被占用（表 5-4）。

生产性公共空间 表 5-3

	特征	示意图	
组成部分	小型商业片区、水产品养殖区、农耕茶业片区		
功能需求	生产劳作、休憩洽谈、售卖平台、驻足停留		
空间范围	居住区外部，与自然环境密切，空间较大	a. 现状	b. 人群活动轨迹

生活性公共空间 表 5-4

	特征	示意图	
组成部分	街巷空间、广场空间、村委会、社区服务中心		
功能需求	居住功能为主、增加驻足娱乐和休憩消费功能		
空间范围	居住区内部，避免与其相冲突	a. 现状	b. 人群活动轨迹

（4）景观生态韧性

黄山村整体的景观格局可以分为林地、聚落和海洋景观三部分，其中林地和海洋景观占整个村域的大部分，村民的生产生活和游客的沉浸游览大多也借助自然形成的林地和海洋景观。除了片状林地外，黄山村还拥有古木古树、蓄水池等点状景观资源和排洪沟、街巷绿化通道等线状景观资源，借助山体高差形成不同的景观视线，丰富着村庄的景观层次。

黄山村较多的亮点都得益于自然景观的生态之美，因此对于自然景观的涵养和优化是黄山村景观生态保护策略的重中之重。目前现状中的街巷景观较为杂乱，破碎的公共空间使得绿化程度不高，存在较多砖块、枝干堆砌，以及景观资源点不够醒目、展示和教育功能未能体现等问题（图 5-2）。

2. 文化基因识别

1）外显基因分析——生产生活方式

（1）充满年代印记的建筑风格

黄山村的建筑风格随着材质和偏好的变化，形成了三种不同年代的建筑风格（图 5-3）。第一种风格形成于 20 世纪 60~80 年代，采用典型的崂山石墙体和青瓦屋顶，构成了崂山石

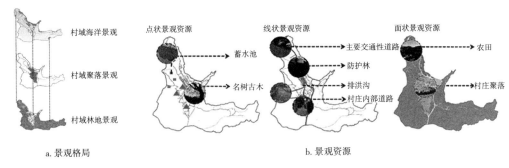

a. 景观格局　　　　　　　　　　　　　　　　b. 景观资源

图 5-2　黄山村景观现状图
（图片来源：参考文献 [51]）

特色的建筑风貌，但由于是传统技艺建造，建筑质量差，较多建筑缺乏保护。

随着产业的发展和居住条件要求的提升，20 世纪 80~90 年代建筑开始出现水泥抹面和红瓦屋顶的常见的自建房形式，建筑质量也随之变好，内部的空间布局功能也逐渐丰富，但由于山体建筑布局紧凑，外向公共空间较为缺乏，内部的建筑空间以封闭为主。

20 世纪 90 年代以后的黄山村建筑在乡村宜居建设等政策的指引下，更加重视质量与安全性，运用现代材料和技术的瓷砖贴面以及红瓦屋顶，大大提高了村内的建筑质量。当下如何挖掘和提升黄山村乡村的风貌特色，如何使乡村建筑印记得到展示，成为思考的重点。

图 5-3　黄山村建筑风格变化图
（图片来源：参考文献 [51]）

（2）社会发展带动的产业变化

文化的产生与发展与生产力及生产关系的进化与更替有关，乡村的产业变化直观地反映出村民在不同时期的生产思路和产业文化的特点（表 5-5）。

多年来黄山村的产业发展主要依托对自然资源的开发，产业主轴一直是农业和渔业，但随着多元产业开发力度的增大和政策的引导，产业发展致力于减少对自然的干扰，逐渐将第三产业打造成主导产业。

黄山村产业变化表   表 5-5

时间	集体经济前	1956~1982 年	1983~1990 年	1990 年后
特征	农渔时期	渔石时期	多样化发展时期	茶、渔、旅游业突出时期
表现	以农业、渔业生产为主，冬季海上运输为主要的经济来源	大集体期间农、渔、副业全面发展，经济收入主要靠渔业和石业	以渔业、石业、建筑业、海洋养殖业为主要经济来源	充分利用有利条件，以渔业、茶业和旅游服务业为龙头带动各行业的发展
与上一时期的区别	——	产业种类略有丰富，但仍以农业、渔业为主，依赖地域因素	产业种类逐渐丰富，开始呈现规范化的产业经营模式	出现了旅游业、体验式产业等第三产业，有核心产业领导

（3）多重文化构成的黄山印记

除了上述两种鲜明的文化特征，黄山村外显性基因还有道家文化、红色文化等文化基因，它们常以遗迹的形式存在。多重的文化印记丰富了黄山村的文化底蕴，其显性标志使得文化传承与教育的职能更加突出。但目前黄山村文化基因尚缺少清晰的梳理与串联，未能将文化基因转换为发展动能。

2）内隐基因分析——意识形态构成

滨海山地型乡村最突出的是外显性文化基因，因为其自然的山海格局、山地建筑的风格、滨海林地的景观、产业发展的产物等实体的文化展示使得外显性基因表现突出，也得益于外显性的文化基因，内生出很多内隐性基因。

崂山乡村由于距离市区较近，且没有传统少数民族居住，使得乡村从饮食结构到着装习俗与市区并无差别。但受海洋文化和渔业产业影响，延伸出独特的海洋信仰和祭拜文化，出海祭拜等民风民俗成为其典型的内隐性基因。

5.1.1.3 基于韧性发展与基因共生的黄山村提升策略

1. 韧性发展

1）面——整体空间的涵养与升级

生态是乡村开发建设首要需要思考的属性。黄山村作为滨海山地乡村，居山体、海洋两大自然体之间，最需要处理的是乡村与自然的过渡。因此，乡村的滨海码头平台及聚落所在绿地需要着重关注，在整体涵养的基础上增加智慧乡村建设，可以更好地实现乡村的升级。

（1）生态码头

黄山村的主要产业为渔业，码头建设是黄山村乡村提升的重要内容，因其滨海山地地形的限制，码头缓冲区可以利用的场地较窄小。在有限的场地里还需要考虑到海水的冲击与泥沙的淤积对海岸造成的影响等问题，生态码头的建设非常必要。

除此之外，黄山村的滨海区域作为优良的旅游资源，可以在提升韧性发展的基础上发挥自然价值，借助台阶、植物景观和铺装等淡化滨海岸线和码头的人工痕迹，使其更好地融入自然环境之中。

（2）生态绿地

用地紧张的黄山村很难有大批量的林木植入，这就需要通过整合碎片化的绿地，补绿增绿，发挥乡村生态绿地价值，可借助自然的乡土植物来建设生态绿地、涵养生态环境、维持乡村生境稳定。

借助自然和生态工程营造乡村的雨水系统，达到涵养乡村生态与环境的目的。从建筑屋顶和立面绿植增加到道路系统的沟渠、透水铺装的建设，见缝插绿，增加空闲场地的雨水花园的打造，最终达到整体乡村的韧性能力的增强（图 5-4）。

图 5-4　黄山村雨水系统示意图
（图片来源：参考文献 [51]）

（3）智慧乡村

黄山村的智慧乡村营造主要可以从生态水景、生态建筑、生态绿地等角度对村庄聚落本体进行提升，同时叠加能源利用、雨水收集、资源回收等，使乡村形成能量收集及供给的连接。

除了基础设施的提升外，同时从人的角度进行舒适性、趣味性的提升，比如在休闲场馆植入电子设施，乡村景观小品增加智能化服务等。

2）线——构建平灾多路径通道，串联乡村内部空间

随着城镇化的快速推进，乡村发展的脆弱性和不稳定性不断增加，乡村地域系统如何抵御和化解内外部扰动是急需解决的问题。与平原型乡村相比，黄山村作为滨海山地型乡村，更容易受到自然灾害影响，山洪、地震、台风等自然灾害对其所造成威胁更大。乡村若想韧性发展需要综合考虑平灾结合（图 5-5）。

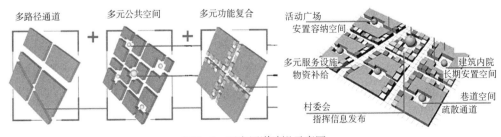

图 5-5　平灾通道建设示意图
（图片来源：参考文献 [51]）

乡村里的平灾主体有学校、绿地、商业、社区活动、交通要道等，这些区域在完成日常生活需求的同时，可以作为紧急避险场地，每个区域都需做好长期和短期安置的准备，肩负起医疗、物资、人员控制等不同需求的建筑功能要求。同时山地道路应梳理交通疏散通道，使乡村道路与多功能的公共空间整合，形成乡村完整的平灾通道，均匀覆盖乡村居住环境，贯通乡村全域。

3）点——借助触媒点辐射作用，形成内部网络系统

触媒点辐射主要是指将一个或多个典型空间作为触媒点，辐射、带动周围地块进行空间环境优化，目的是形成完整的空间网络，使其整体化。韧性改造从点空间开始，从居民周边生活环境开始，主要为居住空间、公共空间、道路空间和邻里空间，这些空间都是服务于村民日常生活。

（1）居住空间：改善居住环境，提升宜居系数

由于受到风景名胜区管控，黄山村的建筑形态和本体很难进行改动，所以居住空间的改造主要从院内景观到立面绿化，分为四个方面（图5-6）：

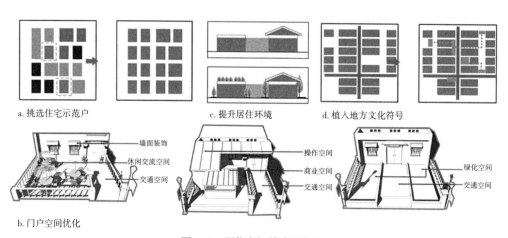

图5-6　居住空间策略示意图
（图片来源：参考文献 [51]）

①挑选住宅示范户。鼓励村民进行自家住宅优化，发挥点的示范作用，由此提高全村住户对住宅的审美追求。

②住宅门户空间优化。合理规划建筑院内空间，为配合村民产业和生活需求，增加产业空间、交通空间、操作空间、商业空间等。

③提升居住环境。从户型、院落等方面优化，包括庭院空间绿化与宅前立面绿化等，使其成为更宜居住宅。

④植入地方文化符号。优化院墙绿化装饰，绿化植被的选择应更加多样化、本土化，以彰显黄山村的独特风采。

（2）公共空间：现有空间完善，碎片空间开发

山地型乡村的公共空间受制于有限的用地，必须结合地形进行合理利用，这导致空间破碎化比较严重，所以山地的公共空间很难利用大型空间进行景观造景，需要通过功能的叠加和碎片空间的优化来实现（图 5-7）。

a.现有公共空间重构　　　　　　　b.碎片空间利用　　　　　　c.完善公共服务设施

图 5-7　公共空间策略示意图

（图片来源：参考文献 [51]）

①现有公共空间重构。乡村现有的公共空间集中于入口广场和村委会建筑所在片区，对此类公共空间进行优化，植入空间要素、活动场地等，合理运用提升现有空间，丰富完善其功能。

②碎片空间利用。通过对废弃老房子重新改造、加建利用闲置空地、改造利用低利用率二层住宅空间，整合公共空间系统，通过对乡村进行系统地梳理，挖掘可优化空间。

③完善公共服务设施。增设村民活动中心、图书室、村民广场等公共服务与文化设施，这些都可与现有的公共空间叠加，从而提升村民生活质量。

（3）道路空间：结合人流热度打造多功能空间

村庄道路系统既是组织村庄各种功能用地的"骨架"，又是村庄生产活动的动脉。

由于生活生产，村庄中形成很多人流密集的活力点。各活力点不是散乱分布或随意出现的，而是依附于道路网络形成的。道路的连贯性、美观性和生态性，直行和转折会给人带来不同感受，它们在满足交通需求、串联村庄功能的同时，也要兼顾对村庄景观系统和生态系统的积极影响。

黄山村的道路系统较为单一，按照道路功能划分类型的话，除了交通主干道外，其余是以生活类步行道为主，所以提升整治策略从交通性道路和生活性道路两个道路类型来入手。

①交通性道路。乡村的车道体系应符合乡村的规模和密度，适当增加和拓宽道路可以提高通达率。同时需要增加静态交通设施，优化停车场和公交站点景观。虽然交通性道路不是人们驻留的重点，但作为进入乡村的主要道路，交通性道路亦需要美化。

②生活性道路。黄山村村内生活性道路体系以步行道为主，高低起伏的地势使得山地道路景观过于破碎，这就更加需要注重步行道串联景观节点，明确标识系统，结合地形变换造景形式，优化浏览乡村美景和自然山水的线路，增添步行道路的亮点（图 5-8）。

交通性道路整治策略

完善路网密度，提高通达率

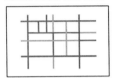

拓宽交通性道路，拆除构筑物

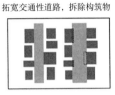

弥补静态交通，外围停车

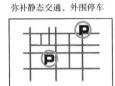

优化公共交通站点

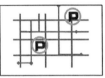

生活性道路整治策略

对连通性差的道路进行重组

避免道路间距过大

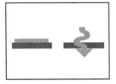

不以通车为主的道路就地取材

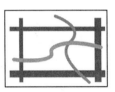

在村庄内部及滨水过渡绿化带中形成景观性步行道

图 5-8　道路空间策略示意图
（图片来源：参考文献 [51]）

（4）邻里空间：以人为本，对空间进行利用与整理

邻里空间是村民日常互动最密切的空间，作为一定范围内共享的空间，根据不同的建筑数量，可进行不同的空间提升。

①组团划分。邻里空间的提升需要明确组团类型，大体分为以下四类（表 5-6）。

组团划分表　　　　　　　　　　　　　　　　　表 5-6

示意图	■	▚	⧉	▣
单位	1 户	7~10 户为最小组团	3~4 个组团	更大的组团
特征	每户院落作为交往微空间，重点处理不同私密程度之间的过渡	最小组团，围绕绿地形成交往小中心，其出入口与绿地相连	村民交往空间，围绕绿地、硬质铺装等形成组团	村民交往大空间，围绕绿地、祠堂或保护建筑，形成组群

②组团整理和碎片空间利用。黄山村建筑紧凑且居住人数较多，不同业态对于建筑数量都有需求，合理地进行建筑的整合与围合可以形成不同功能的组团，借助这些组团的拐角空闲区域进行景观提升，以此放大组团功能特点（图 5-9）。

如将农家乐和商业集合在一起，就需要在碎片空间增加休闲区域及标识系统，结合种植低矮灌木及小乔木；如果是居住区组团那就需要顾及私密性及生活生产用品放置空间，这种功能下的空间需要增加乔木种植而且预留村民农耕用品放置区域。

2. 基因共生

1）外显性基因——生产生活转型升级

滨海山地型乡村外显性基因最典型的就是产业文化，农业与渔业仍然是黄山村经济收

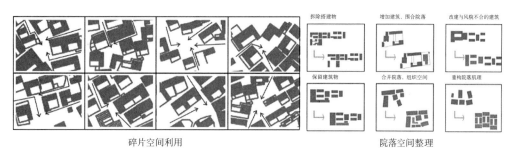

拆除搭建物　　　增加建筑，围合院落　　改建与风貌不合的建筑

保留建筑物　　　合并院落，组织空间　　重构院落肌理

碎片空间利用　　　　　　　　　　　　院落空间整理

图 5-9　邻里空间策略示意图
（图片来源：参考文献 [51]）

入的主要来源，将外显性基因提升重点放在生产转型上可以更大地发挥黄山村资源优势，用产业提升带动生活升级（表 5-7）。

外显性基因策略表　　　　　　　　　　　　　　表 5-7

策略	内容	示意图
丰富产业发展梯度，促进多元产业发展	黄山村现状茶叶及海产品加工多属于家庭生产制，转变为多梯度的生产模式有利于契合多种市场需求，也利于抵抗单一产业带来的风险	
梳理功能空间，扩大产业发展空间	现状民宿区分布散乱，且受地形影响大，应寻找新的空间并串联各功能区，容纳民宿功能，为游人提供更加舒适便利的居住环境	
合理分配土地，塑造更加灵活的生产	现状茶叶生产单元较为均质，新添加功能所占用的土地，应保证每户利益的同时，让土地功能单元组合更加灵活	
丰富产业环节，完善产业链	目前黄山村茶叶和海蜇产业生态不完善，应根据功能完善配套，有利于产业多方向发展	
产品的品质升级	村庄茶叶和海蜇目前仍以人工制作处理为主，可保持手作特色，同时升级品质和包装，增加附加价值	
打造乡村品牌，提高乡村声望	茶叶和海产品包装可统一设计，彰显黄山特色，同时借助互联网加以宣传，提高品牌认可度	

2）内隐性基因——意识形态挖掘激活

意识形态等内隐性基因需要通过人、事、物等载体进行呈现。通过挖掘黄山村独具特

085

色的内隐性文化基因，激发乡村文化发展活力（图5-10）。

①多媒体网络平台推广。借助大数据信息的便利，将黄山村的渔家故事、渔业传统等文化通过官方网站、小程序、App等传播。

②节庆活动策划。将传统的道家文化和渔家文化植入到节假日之中，给每个活动赋予固定的时间，定时开展以便吸引人流。

③文化产品策划。将海洋、宗教等文化形象转换为文化产品，丰富产品类型，与本土画家和设计师合作，打造黄山村特定IP。

 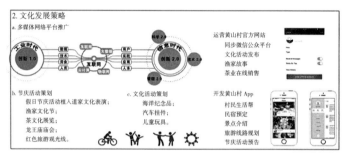

图 5-10　内隐性基因策略示意图
（图片来源：参考文献 [51]）

3）基因共生——文旅融合乡村共生

黄山村紧邻前往崂山风景区的必经之路，可弥补崂山太清宫等景区缺少住宿等服务设施的不足。另外，其自身具有的山、海、茶、日等资源优势，可为游客提供多种多样的休闲体验，适应面涵盖老、中、青等多个年龄层次人群。

黄山村旅游发展的动力来源是多方面的，既有村民本身发展的诉求，也有青岛市良好的政策，还有自身具备的民俗基础以及可利用的独特资源。因此如果将文化基因作为亮点叠加到黄山村旅游体系之中，会使黄山村更具可持续发展动力。

5.1.1.4　基于韧性发展与基因共生的黄山村提升设计

1. 韧性发展

1）面——激活生态价值，丰富乡村业态

将韧性发展落地到具体的乡村设计，需要考虑的是保护与开发的多重诉求。因此基于黄山村的优质自然资源，梳理乡村季节脉络，丰富乡村景观功能，合理规划旅游路线，达到乡村生态价值最大化。基于韧性发展对于整体空间的涵养要求，黄山村的乡村规划设计必须保证较少的自然资源和乡村生活干扰，结合不同季节下的景观优势，形成处处有景和时时有景的乡村风貌。

黄山村的旅游淡旺季较为分明，春夏秋是最主要的三个观赏季节，许多游客都有参与到乡村游览活动的意愿，使得村民们也更加有产业发展的热情。因此在旅游路线的打造上主要分为春季滨海、夏季山地和秋季滨水三个主题内容。

　　春季万物刚复苏，天气也逐渐转暖，新一年的产业旺季也逐渐到来。清明前后茶叶开始初次成熟，渔业也在春季迎来了产量的提升，虽然新生的植物和山林景观可能不如夏季的观赏程度高，但作为产业收成的高峰期，热闹的采茶和繁忙的捕捞使得春季的旅游体验依托乡村，临近滨海和梯田，形成春季滨海的旅游产业与体验路线。

　　夏季天气逐渐炎热，进入到休渔期，海面平静，村民与游客的活动轨迹也逐渐延伸到山林、乡村内部和民居建筑里。夏季植被生长茂盛，山体和林田等景象的观赏价值高，依托于崂山景区，游客愿意进入到山林凉爽的环境里。同时加工海蜇这个黄山渔民世代传承的技艺，也为处于休渔期的没有太多海产收成的村民增加收入。退潮时村民前往滨海近岸，就能捕捞到肥美的海蜇，经过黄山村民的手艺，将其摆在饭桌上，也就形成了黄山村特色的海蜇宴。在夏天顺着山路进入山林观赏，进到村居建筑内品尝和体验，以此形成夏季的山地旅游路线。

　　秋季的农收、节气活动都较为丰富，气候也相对舒适，乡村内村民和游客人气满满。如果说前两个季节都有其主要的旅游热点，那秋季则是形成了全面开发的局面。刚度过热闹的夏天，再来到乡村享受宁静和放松，产业的丰收和秋景的灿烂使得秋季游览范围更广，沿着滨水景观，既可以在聚落中穿插体验，也可以在临海区域感受疏朗。

　　三个季节（图 5-11）通过搭配动态游览与静态观赏的景观节点和各类全时段、多季相的主题活动，保持产品的多样性，使游客能够真正体验其中的乐趣。

■ 春季游线滨海公共节点

■ 秋季游线滨水公共节点

■ 夏季游线山地公共节点

图 5-11　季相旅游路线规划
（图片来源：参考文献 [51]）

　　2）线——平灾空间结合，丰富建筑功能

　　作为滨海山地型乡村，黄山村平灾空间体系建构尤为重要。目前的黄山村没有防灾的功能，也没有相应的疏散、安置定点区域，乡村面对突如其来的灾害应对能力不足。

　　黄山村本身地形复杂，建筑密集，没有大型的开阔空间，因此平灾空间体系建构需要多借助已有空间，以交通空间为平灾路径的总轴线，串联起邻里、广场、街巷和商业空间，最终形成完整的具有应对灾害能力的黄山村平灾空间体系（图5-12）。

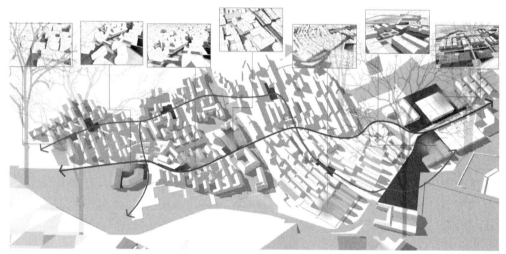

图5-12　黄山村平灾空间功能设置图
（图片来源：参考文献 [51]）

完善乡村空间的多元转换，促进黄山村的韧性发展（表5-8）。

平灾空间功能转化表　　　　　　　　　　　　　　　　表5-8

空间类型	平时	灾时
邻里空间	邻里居民日常乘凉、聊天等交流活动场所	为邻近居民提供紧急避难场所
社区活动广场	供居民日常休憩、游客逗留拍照等活动的社区活动广场	重要避难场所，设置应急棚宿区、应急公厕、供水、供电等防灾设施
街巷空间	热闹的民俗特色街，提供餐饮、观赏、交流等活动场所，吸引大量游客	重要的疏散道路，并提供临时避难场所和应急物资
商业服务设施	周边居民和游客提供优质与便捷的商业服务设施，丰富居民生活，吸引游客	为临时避难地，并提供临时供水等救灾物资
交通空间	为居民及游客提供小汽车/大巴车停车位，是场地内重要的交通空间	重要避难场所，成为指挥调度、物资调配、临时安置点的信息中心

3）点——人性化设计，街巷院落更新

一个个独立的建筑体组成的居住空间是乡村中最突出的点空间，从居住空间往外发散形成邻里、公共和道路空间。在点空间层面上最重要的是居民的活动感受，乡村年轻人力外流依然是目前乡村现状，导致乡村的老龄化程度极高，对人性化的社区也提出了相应的要求。

　　黄山村的山地地形使得生产与生活空间区分得较为明确，功能指向性也更加偏向于日常生活需求，因此黄山村围绕"身体、心理和社交健康"等综合服务，建设相应的配套服务设施，目的是打造健康、和谐、活力的村落环境（图5-13）。

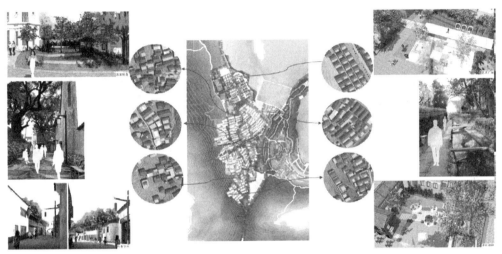

图 5-13　黄山村人性化设计效果图

（图片来源：参考文献 [51]）

　　因山体管控对于建筑和道路的改动难度较大，所以黄山村的人性化设计注重植物绿化及活动空间的提升。首先对于现存边沟及破损路面等进行修缮，完善乡村的基础设施；其次对于植被杂乱的街道进行梳理，找寻可以升级及添绿的破碎空间；最后对空间进行植物的补种和铺装的铺设，在密集的建筑空间中形成合适的活动区域，增加适老型服务设施的植入，体现人性化设计。

　　2. 基因共生——文化旅游植入

　　基于前一小节对黄山村文化基因的分析，可以看出黄山村具有特色鲜明的外显性基因。作为坐落于滨海山地之上和拥有农业、渔业等丰富产业的黄山村，在文化旅游的植入中，最重要的是乡村景观和乡村生活的真实呈现，留住"乡愁"。

　　因此增加山海景观的眺望点及观景平台，可充分地展现出山海格局特色，并合理组织游憩线路，减少对自然资源的干扰及破坏。除此之外，对应黄山村现有的产业可以增添乡村采摘、劳作等拓展性活动，体现乡村文化基因特色，满足不同年龄层次人群的多样化需求。

　　对于内隐性基因的植入需以展览、小品等形式呈现，借助实物载体将内隐性基因展现出来。除了实体性文化元素外，黄山村还可顺应不同季相，举办如赶海、农家宴等乡村旅游活动（图5-14）。并结合智慧化的文化展示设施，更好地传承与活化乡村文化。

图 5-14　黄山村文化节点效果图
（图片来源：参考文献 [51]）

5.1.2　韧性转译——雕龙嘴村

雕龙嘴村具有独特的自然环境、村庄肌理、街巷脉络、生产生活方式与传统习俗等，构成了村庄的文化基因体系。随着乡村振兴的推进，雕龙嘴村不断迭代发展，但也出现了乡村特色逐渐消失、趋向同质化等问题。只有认清乡村自然环境和人文资源的多元价值，分析乡村鲜明的文化基因和空间基因，才能更好地延续乡村历史风貌，优化乡村景观环境，实现乡村文化基因的韧性转译，激发乡村活力。

5.1.2.1　雕龙嘴村基本情况

雕龙嘴村位于山东省青岛市崂山区王哥庄街道，区位条件优越，生态自然资源、历史人文资源丰富。三面环山，东临大海，西南与华严寺为邻，北靠仰口风景区，周边还有世界园艺博览会、枯桃花卉交易中心等崂山区的林业科研、科教、科普综合平台。南北长 2km，东西长 1.5km，占地约 3km²。据村志记载，于氏家族自清代初期（1644 年）由文登水泊迁至雕龙嘴，其后李氏家族和朱氏家族先后迁至此处，其后又有刘、姚、魏、刘、隋等姓氏家族陆续定居，在此盖房、辟街、开荒、种地。除此之外，雕龙嘴村可达性较好，距离胶东国际机场 55km，车行时间 1.5h，距离青岛站 38km，车行时间 1.5h，距离青岛北站 20km，车行时间 1h。村内已有南北向贯通的滨海公路以及乡村道路、公交站等基础设施，但交通路线整体上较为杂乱，且标识系统缺乏，公共休闲场地不足。

雕龙嘴村依山而建，红瓦石墙，布列坡涧，错落有致，是崂山东麓屈指可数之山海奇观型乡村。听碧海涛声，海风习习，享仙山圣水之神，观山海相拥，群鸥凌飞，看山水一色之异。雕龙嘴村占地广大，土地肥沃，乡村地形随山地起伏，农田交错。民居分布比较集中，北部稠密，南部松散，东岸的传统村落从海湾到群山，房屋依山势等高线层叠而上，高低错落，空间形式整体上纵横交错，存在部分废弃民居、厂房等。

雕龙嘴村原本是以捕鱼和农作物为主的村子。渔业以鱼类、虾类和小型海洋产品为主，主要农作物是小麦、玉米、红薯和花生等。随着时代的发展，该村水产产业发展迅速，拥有70多条渔船，开展远洋捕捞，建立了数百万平方米的水产养殖基地，其中以崂山银鱼和海蜇最出名。农业、林业共有341hm²土地，山地面积2000hm²，主要种植苹果、杏、桃、樱桃、山楂等，还有黑松、梧桐、柞、楸等生态林。全村茶田密布，有"崂山茶乡"的美誉。目前，雕龙嘴已被列为"中国最美村庄"，由此推动了旅游业的发展，已有数十户居民将自家民房改造为提供住宿和餐饮的民宿。在多年的努力下，渔民们经济收入大幅度提高，村民生活水平也随之提升（表5-9）。

变量满意度排序表

表 5-9

排序	影响因子	满意度	排序	影响因子	满意度
1	海洋空间感知	12.31	8	节庆活动感知	4.63
2	地质地貌感知	11.77	9	生产生活方式感知	4.32
3	传统民居感知	11.00	10	红色文化感知	3.82
4	乡土材料感知	8.63	11	美食文化感知	2.91
5	传承技艺感知	8.08	12	村落起源感知	1.88
6	植物生态感知	6.03	13	神话传说感知	0.81
7	古建筑感知	5.62	14	宗族色彩感知	−0.21

提取方法：主成分分析法

5.1.2.2　雕龙嘴村的文化基因提取

1）外显性基因

雕龙嘴村外显性基因最典型的就是独特的山海格局、自然生态资源、生活生产方式及其乡村外部表象构成。将外显性基因提升重点放在生活生产转型、乡村外部表象构成上可以更大地发挥雕龙嘴村资源优势及景观价值（表5-10）。

雕龙嘴村外显性基因

表 5-10

生产生活方式基因	餐饮文化	茶文化；海鲜、茶叶、樱桃、面塑；崂山啤酒、崂山矿泉水、白花蛇草水等
	农耕文化	粮食、苹果、杏、桃、樱桃、山楂、茶叶等
	民风民俗	扫尘、冬至、二月二、樱桃节、海蜇宴；雕龙嘴村的道教殡仪习俗等
	渔耕文化	传统渔业；百多万平方米的水产养殖基地等

续表

外部表象构成基因	自然环境	三面环山，一面临海，有崂山东麓之屈指可数者山海奇观；雕龙嘴河自西向东，横穿村落；银杏、"华盖松"、百年玉兰等古木名树；黑松、梧桐、柞、楸等形成生态林；崂山石"钓龙矶"等
	乡村风貌	依山而建，红瓦石墙，错落有致民居等
	建筑文化	码头、白云洞、华严寺、道观、妈祖庙；雕龙嘴水库等

2）内隐性基因

雕龙嘴村海洋文化、宗教文化、风俗习惯、意识形态等内隐性基因需要通过人、事、物等载体进行呈现。发掘内隐性潜力文化因子，依托适当的载体，是促进雕龙嘴村文化振兴的有效手段（表5-11）。

雕龙嘴村内隐性基因　　　　表5-11

意识形态构成基因	道教文化		崂山道教历经2000多年，一直是崂山地区思想文化的重要组成部分。对区域居民的社会活动、思想观念的形成与发展都有重要的作用
	妈祖文化		妈祖信仰、妈祖崇拜仪式等
	文学艺术	神话传说	蒲松龄《崂山道士》《香玉》
		文学作品	《琴岛诗刊》《雪域追梦》《胭脂女》《白云洞》《韵味崂山》《赶海》《陈昌本中短篇小说集》
		音乐戏剧	崂山古乐除民间乐曲外，又不断融进宫廷音乐、道家、佛家、儒家经韵及文人的演唱；其中，有在重大祭祀中演奏和唱诵的郊庙乐曲，有欣赏乐曲和民歌乐风，还有僧侣道人做功课的课韵及民间乐坛的应风乐；清咸丰七年（1857年）前，梆子、皮簧（京剧）、茂腔、柳腔等剧种相继传入崂山地区，最流行的为柳腔等
		舞蹈	舞龙、秧歌、高跷舞等
		书法美术	吴冠中书法《误入崂山》；崂山的雕塑、绘画艺术出现于魏晋时期，各庙、观、寺、庵供奉之雕塑和壁画多出自民间艺人之手；还有剪纸、窗花、过门钱、灶神爷、家谱、财神等

5.1.2.3　基于文化基因韧性转译的雕龙嘴村更新规划设计

韧性转译在于培养体系对未知风险的适应和吸纳，消除外部环境不利影响的能力，构建一个既能适应外部环境变动，又能与之韧性共生的有机关系，从而为新时代乡村规划建设注入新的活力和动力，为乡村的可持续发展开辟一条新道路。雕龙嘴村自然生态、历史人文资源优越，以现有资源的保护利用为基础，开发和利用山海资源，在保持乡村肌理的前提下，综合整治自然景观廊道，对景观的延展性和渗透性进行优化。为达到物种、文化流动，文化景观韧性转译的目的，除了传承地域文化特色、保护乡土风貌等基本议题，通过乡村建造容纳新空间、新功能、新业态，超越乡村传统发展模式的局限，确立适应当下乡村独特环境和发展需求的乡村建设方法体系是必要而迫切的。

基于此，保护山海格局，打造"垂山""向海"的"公共走廊"。结合雕龙嘴村文化基因，通过面—线—点的综合更新规划设计，形成"四区""三带""多点"的总体规划格局。即：传统居住片区、民俗文化片区、滨海休闲片区、生态采摘片区，文化传承带、滨海游憩带、生态韧性带，与多个休憩、活动场地、小品设计等（图5–15）。

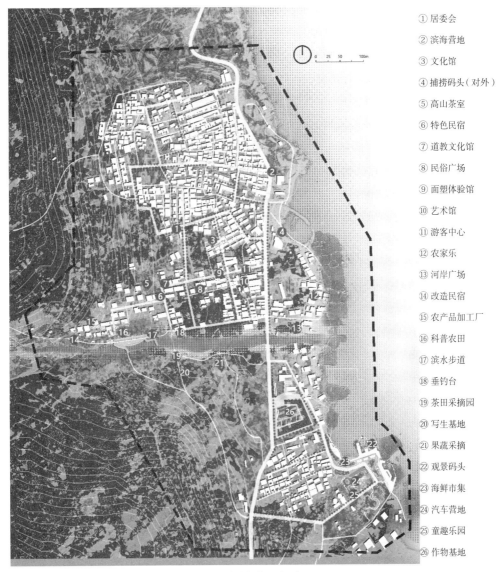

① 居委会
② 滨海营地
③ 文化馆
④ 捕捞码头（对外）
⑤ 高山茶室
⑥ 特色民宿
⑦ 道教文化馆
⑧ 民俗广场
⑨ 面塑体验馆
⑩ 艺术馆
⑪ 游客中心
⑫ 农家乐
⑬ 河岸广场
⑭ 改造民宿
⑮ 农产品加工厂
⑯ 科普农田
⑰ 滨水步道
⑱ 垂钓台
⑲ 茶田采摘园
⑳ 写生基地
㉑ 果蔬采摘
㉒ 观景码头
㉓ 海鲜市集
㉔ 汽车营地
㉕ 童趣乐园
㉖ 作物基地

图 5–15　雕龙嘴村总体规划及设计

1. 总体空间规划设计

1）面——整体活动区域，慢品人间烟火色

基于稳定的地理气候、历史文化、工法谱系与材料技术，雕龙嘴村乡村风貌及建筑表现出一种成熟的整体风格。在该村展开的相关改造与建设研究，首先尊重村落的地域文化特征，保护传统乡村肌理与建筑风貌，但是除却历史古迹的保护，乡土建筑改造与建设并不是简单地延续传统建筑形式，而是在新的功能需求和技术材料的语境下，积极面向当代的建筑设计需求，基于对乡土特色的深入判识，实现乡土建筑的当代转译，使其能够承载新功能、新空间、新业态，进而促进乡村空间的活化，激发乡村发展活力（图5-16）。

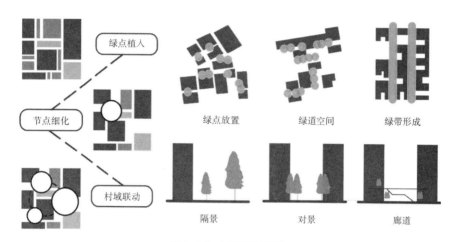

图5-16　村落空间提升

（1）民俗文化体验区——感受乡土文化，建立文化自信

民宿文化体验区主要包括传统民居聚落及商业改造部分，打造多元邻里空间，促进居民游客交互共融（图5-17）。

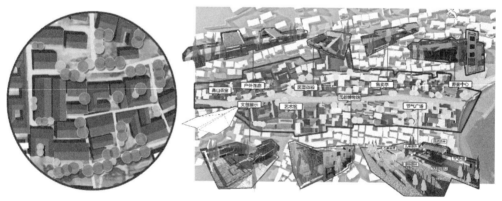

图5-17　民俗文化体验区部分平面图

（2）滨海码头游憩区——转化资源优势，增加场地吸引力

村域东南沿海区域将原本的废弃渔船改造成景观小品，运用折线延伸、改造码头，亲水栈道增加亲水性，生态浮岛提升生态韧性，绿地部分增设露营区、儿童活动区、运动活动区、餐饮贩卖区等，提升场地活力（图5-18）。

图 5–18　滨海游憩区平面图、效果图

（3）山地生态采摘区——依地形借自然，完善排蓄体系

主要分布于雕龙嘴河南北两岸区域。采用农民耕种、游客参与的方式；加强产品开发，采用媒体交互，开展直播助农（图 5–19）。

山地型乡村的排水必须遵循"依地形、借自然"的韧性理念，要首先维护原有的生态和水文环境，尽量利用自然的资源建设水利系统。通过高差作用力完成雨水的收集和利用，将生产性雨洪设施（如雕龙嘴水库）在汛期蓄水，旱期排水，高山梯田层层递进，与生活型雨洪设施水井、人工灌溉等相结合（图 5–19）。

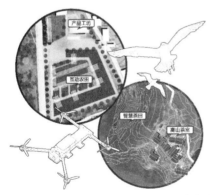

图 5–19　生态采摘区平面图及茶田、生态棚效果图

2）线——串联基因文化游览路线，沉浸式游憩

（1）民宿文化体验游线——乡村商业街策划

借助雕龙嘴村自身文化基因，打造具有文化特色的文创商业街，以主题 IP 引领，使传说文化符号化、产业化、商圈化、社区化，以此带动产品创造。主要的产品类型有住宿、IP衍生产品销售、主题体验活动等，其中包含高山茶室、餐饮、休闲、策展、民宿等多元业态，以此发挥品牌效应（图 5–20）。

如画山海：山东滨海典型乡村规划设计

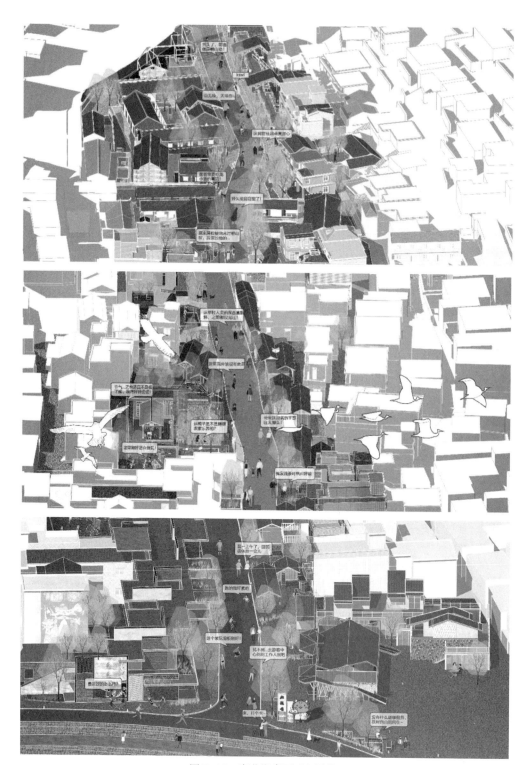

图 5-20　商业街自西到东游线

（2）河流生态沿线——雕龙嘴河河岸改造

韧性理念的提出在新形势下给予城市河流廊道景观建设新的发展方向。通过有机结合，河流廊道与韧性景观可在空间结构上得以延续，在使用功能上得以叠加。韧性景观的主要目标就是适应环境变化，最终达到环境稳定以及动态平衡。河流廊道以自然生态环境为载体，通过内部循环平衡内外环境，在遭到外来影响后的一段时间内依旧能达到新平衡。

河流廊道能够净化空气、排水、降温，以及游憩、观赏等。除了拥有应对外界变化的防护能力外，韧性景观还能利用空间多样性来提高景观的适应能力。河流廊道与雕龙嘴水库、雕龙嘴河结合，打造上游滨水林地＋滨水绿地＋生态驳岸，下游海绵城市＋码头＋海面的韧性廊道。

坚持因地制宜，采用本土植物，结合自然资源，发挥天然材料的优势，实现可持续发展。丰水期河道可开展亲水活动，枯水期可观赏河滩景观，将生产、景观、历史、休闲等因子有机整合，采用复合体系结构，减少系统外部不利因素的影响，提高体系的适应能力，以优化空间的多样化功能，提高滨水区的活力程度，提升场地的吸引力与竞争力。

（3）组合型游线——丰富场地内容，契合人群需求。

结合不同人群的多样化需求，提供更契合的主题游线（图5-21）。

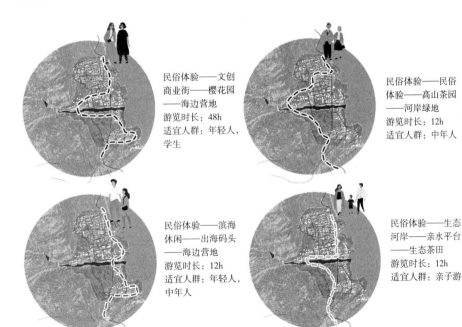

图 5-21　多种游线组合

3）点——丰富建筑功能，增加绿地斑块，创造多样化韧性空间

（1）拆除废弃民居，优化布局

将场地内部阻碍交通、废弃且有安全隐患的民居建筑评估后予以拆除，增宽巷道，增加日照，优化场地可达性，构建适宜的邻里空间，提升整体景观效果。

（2）整合绿地斑块，打造活动场所

合理使用闲置土地，营造独特的社区空间。依托乡村传统的互动空间，转译乡村生产、生活的文化基因；采用乡土树种，见缝插绿，打造绿地斑块，形成具有乡村文化底蕴的景观体系；增设健身器材，完善乡村的休闲健身空间（图5-22）。

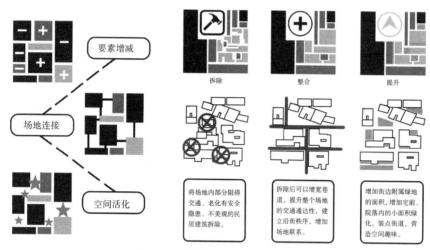

图5-22 建筑周边绿地改造策略

（3）改造院落空间

引导民居庭院优化改造，增加庭院绿化面积，在尊重村民意愿的基础上种植具有观赏性、经济性的植物，如樱花、紫薇、月季、桂花、柿子、杏树等。在保护传统建筑形式的基础上，让围墙更加通透，增加竹篱和树篱等乡村元素（图5-23）。

（4）提升间隔空间

通过增加空隙绿化、设置连廊小品、增加玻璃顶棚等方式优化建筑之间的间隔空间。结合墙面立体绿化优化沿街界面景观，打造节点性的屋顶花园，丰富乡村韧性景观形态（图5-24）。

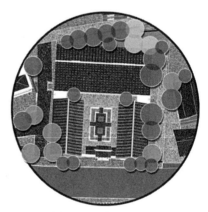

图5-23 院落平面图

（5）打造生态停车场

完善乡村停车系统，将停车空间与绿化空间有机结合，选用具有良好渗透性的路面铺设或植草砖，提高停车场地的绿地率和生态韧性。

（6）总体建筑功能改造布局

减少第二产业占比，搬迁东南处的工厂；增加第三产业，如商铺、餐饮、民宿等。合理利用土地，保护与完善乡村风貌、山海景观的完整性（图5-25）。

横向联系　　间隙相连　　绿点放置　　空间限定　　外挂绿化　　屋顶花园

图 5-24　院落间隔空间

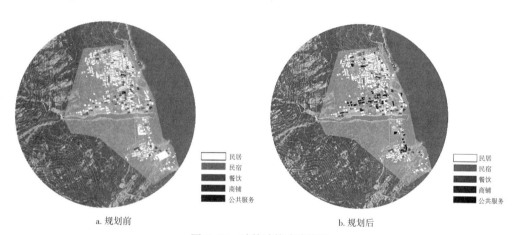

民居
民宿
餐饮
商铺
公共服务

a. 规划前

民居
民宿
餐饮
商铺
公共服务

b. 规划后

图 5-25　建筑功能改造策略

2. 活化转译

1）活动策划

①踏山入海——山海关系，自然文化。

②吟游挽浪——出海捕捞、渔文化、露营聚会、音乐会。

③莳花弄草——樱花、茶。

④春来秋往——春：踏春采茶（清明谷雨后人间采茶忙）秋：海鲜盛宴（6~8月禁捕）。

⑤与学校合作，发展写生基地，吸引学生群体游玩。

⑥增设"雕龙嘴露营节"，疫情期间游客更倾向于户外且开销较低的露营活动，在村落南部的汽车基地及周围沙滩码头可开展相应活动，定期举行户外音乐会、露天影院等，吸引游客留宿，延长游玩时间。

2）人群共融

协调居民、游客和环境的关系，从不同人群的活动需求出发，调查总结不同人群对于空间的需求，打造适合不同人群的多元化空间。这样可增强居民和游客对于乡土文化的认同感；推动居民建立韧性共生的理念；并且改善产业结构，转化生产的产业链，增加产品的附加价值（图 5-26）。

3）线上宣传及 IP 提取

利用互联网手段，通过社交软件、平台进行宣传，同时可开展助农直播，进一步增加村民收入，提升雕龙嘴村及产品的知名度，吸引更多游客。

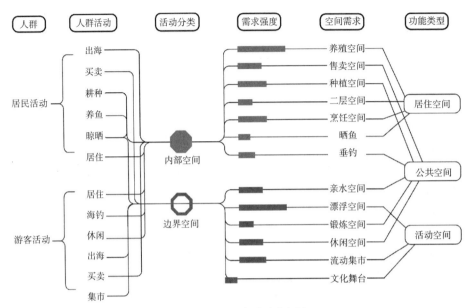

图 5-26　不同人群需求空间

　　将茶叶、鱼类、馒头、雕龙嘴的"龙"元素提取，组合设计出雕龙嘴村的原创 IP 形象：龙小饭（图 5-27）。龙小饭主要设计元素是雕龙嘴村民居房顶常见的橙色，有龙角，头顶有象征吉祥的祥云符号，穿的衣服为传统中式对襟，衣服上的图腾选自故宫收藏的龙图腾玉，海洋蓝色的裤子，尾巴上的火苗替换为崂山茶，活泼可爱。可在多个场景下变换不同形象，如在码头可以变成戴渔夫帽的渔夫饭，在茶田可以变成背茶篓的采茶饭，在农家乐可以变成

图 5-27　雕龙嘴村 IP 形象设计

端盘子的服务饭，同时也可在雕龙嘴村文创产品中运用，比如出品龙小饭形象的雪糕，在产品包装上印制龙小饭形象等。

5.2　滨海平原型乡村

5.2.1　保护传承——周戈庄村

随着全球化和现代化的快速发展，文化的多样性显得愈加宝贵。传统村落在发展的同时，如何使其物质文化和非物质文化得到良好的传承，并促进乡村的可持续发展，得到了广泛关注。传统村落的保护始终与城市化、现代化的发展趋势之间存在诸多博弈。保护传承既是对村庄历史风貌本底、历史遗迹等的保护，也是对乡村肌理、乡村景观、聚落建筑、地域文化、民风民俗等特色文化基因的创新传承。

5.2.1.1　周戈庄村基本情况

周戈庄村位于青岛市即墨区东部，青岛东海岸线的北端，田横岛省级旅游度假区东北部，依山傍海，田园风光秀丽。村庄可达性良好，对外交通依托滨海公路、地铁 11 号线与青岛市区、海阳市交通联系便捷，距离规划中的王村新城约 10km，距离青岛市区 1.5h 车程。

该村始建于明代，村民自古以来以捕鱼为生，逐渐形成了独具地域特色的传统文化和习俗。面对赖以为生而又神秘莫测的海洋，村民们既感恩又敬畏，由此形成了独特的海洋文化，这对民居建筑、生产生活方式和民风民俗等均产生了深远影响。周戈庄村在 2016 年被列为第三批山东省级传统村落名单。

周戈庄村是典型的滨海平原型村庄，村域面积 309.21hm²，其中耕地面积 180.73hm²，水产养殖水域面积 14.47hm²。因靠海优势，村庄主要产业为水产养殖和海洋捕捞，是渔业特色名村。近年来，周戈庄村大力发展旅游业，田横祭海节时候，每天都会有数万游客前来参加祭海节，体验特色民俗。

周戈庄村内道路体系较为完整，分级设置，基本全部硬化。主要道路材质为沥青铺设，次要道路材质为水泥，宅间路材质为碎石铺装，村庄内部已有两处停车场地。目前仍然存在停车位不足、缺乏道路照明设施、部分路面老化损坏等问题。村内建筑质量大多完好，但核心保护区内的传统建筑，因年久失修，质量较差。商业服务业设施主要分布在东西、南北向的十字街区域。公共服务设施整体较为分散，祭海广场、公共卫生间、村委会、龙王庙、妈祖庙、卫生室等主要分布在东南区域。村庄给排水、电力通信、燃气供暖等设施基本完备，环卫设施、公共防灾设施较缺乏。

5.2.1.2 周戈庄村文化基因识别

1）外显性基因分析

周戈庄村作为传统村落，拥有独特的聚落建筑风貌、村庄肌理以及传统文化等，外显性基因较为突出。

（1）山海格局

周戈庄村位于笔架山脉脚下，临栲栳湾，村庄选址依山望海，整体地势西北高东南低，村庄顺势而建。村庄东部海中有一处岛屿，名为三平岛，距离海岸2.7km。整个村庄形成了由西到东依次为山、田、村、海、岛的空间格局，自然景观风貌优越，景观元素和谐统一。

（2）街巷脉络

周戈庄村内主街呈"二横一竖"分布，传统巷道脉络仍有保留，宽度为1.2~2.4m，材质为碎石铺装，与主街鱼骨状脉络相连。乡村巷道街巷空间主次分明，鱼骨状的主街将村庄大致分为4个组团。

（3）聚落建筑

周戈庄村历史悠久，传统村庄肌理格局保存尚好，具有完整的传统建筑演变过程，较好地反映出传统村落风貌。共计民居建筑1969栋，建筑形制多样，承载着精巧的传统建筑工艺。明清及民国时期的建筑聚集区域划为乡村的核心风貌区。按照民居建成年代、风貌以及质量等因素进行梳理，主要分为以下几类（表5-12）。

核心风貌区内建筑现状 表5-12

品质	传统建筑	当代建筑
风貌较好	风貌较好，采取保护措施，改善院落环境，使建筑与环境相协调	新建或改建建筑，建筑材料、色彩等与传统建筑相协调
风貌较差	数量较少，建设年代较久远，规划对其进行翻新维护，按照其传统形制进行修缮	为平顶建筑或材料色彩与传统建筑不协调，对村庄的风貌有较大影响，可以对其进行改建

具体而言，周戈庄村建筑可以根据建成年代与建筑风格分为四种类型。第一种为明清时期的传统建筑，由于年代久远，质量较差，需要修缮才能满足居住等功能。这部分民居以四合院为主，采用石基、砖墙及青瓦，主要集中于村庄中部、东部。第二种是民国时期的建筑，以灰瓦、白墙、青砖石为主要特征，已普遍经历过翻新。新中国成立后到改革开放前的建筑多为青瓦石墙，具有地域特色，使用传统技艺建造，保存情况较差。最后一种为改革开放后所建的建筑，采用水泥抹面和红瓦房顶，建筑质量较好，建筑功能丰富，但该部分民居与核心区内建筑风格迥然相异，需要进行梳理整治以优化核心区域的整体风貌。

（4）史迹遗址

周戈庄村目前仍保留有龙王庙、天后宫两处传统庙宇，用来祭祀龙王与妈祖。两处建筑正对着祭海广场，承载着村民的祭祀活动。此外，村东部海域有一座三平岛，岛上存有始建于清代的文君庙。

（5）生产生活方式

周戈庄村自古以来以出海打鱼为生，村庄至今保留了出海捕鱼、耕种等传统生产生活方式。自然质朴的生活环境、生产方式承载并展示着乡村传统人文思想。

（6）节日庆典

田横祭海节是一项具有浓重历史色彩与海洋文化特征的传统节日，拥有近 500 年历史，是中国规模最大的祭海节之一。它发源于周戈庄村，于 2008 年被列为第二批国家非物质文化遗产。经过近几年的发展，田横祭海节已经成为国内原始祭海仪式保存最完整的祭海节。

（7）饮食文化

周戈庄村有国家二级渔港码头，是新鲜海鲜首先登陆的地方，赤贝、蛤蜊等具有较高知名度。而田横大馒头正是由于祭海节的举办得以广泛传播，是县级非物质文化遗产。它造型独特，个大劲道，馒头上的面塑与彩绘使田横大馒头拥有极强的艺术性。除此之外，还有婿糕、田横凉粉、田横粉条、田横茶叶、田横卤水豆腐等地方特色美食。

2）内隐性基因分析

周戈庄村的内隐性基因得益于外显性基因的多元而丰富多彩。

（1）渔文化

居民们靠海吃海，部分村民出海打鱼并以此为主要经济来源；改革开放后村民逐步开始进行海鲜养殖。渔业与养殖业为当地的渔文化提供了产业基础，形成了居民们喜好咸鲜、多食海鲜的饮食习惯。

（2）海神崇拜

古时渔民生产力不发达，生存环境恶劣，出海风险大，多有海难发生。渔民们认为海神掌控海洋，为了寻求精神依托，祈求平安，避免海难，唯有向海神祈求才能避祸赐福。周戈庄村村民祭拜的海神主要为龙王与妈祖。

（3）祭海文化

祭海是为了祭祀海神举行的活动。每年过年后初次出海之前，渔民都会到龙王庙祭祀，祈求平安。最初的祭海形式较简单，也没有固定的日期；20 世纪 80 年代，祭海规模越来越大，影响也越来越大，后来发展成为规模盛大的祭海节。每逢祭海节当地会举行开船仪式、香饽饽面塑大赛、巨书表演、民俗研讨会等文化活动，丰富了祭海节的文化内涵，形成了具有独特地域特色和民间色彩的祭海文化。古时当地居民生活困难，米面较为奢侈，鱼类较为充足，每当节日或祭祀活动期间，居民会将面粉制作的馒头或饽饽用来祭祀海神，将最好的东西用来祈福祭祀以保佑渔民出海顺利。

5.2.1.3 基于文化基因传承保护的周戈庄村保护与发展规划策略

1）点——完善保护策略，整合碎片空间

周戈庄村存在大量传统建筑，需要构建整体性的保护策略。针对传统风貌建筑实施分级保护，核心区内建筑分为核心保护建筑、重点保护建筑、一般保护建筑、保留建筑和整治建筑五类，并制定对应的保护、修缮、整治措施。

结合乡村土地利用现状，强化龙王庙、天后庙、祭海广场等公共空间的文化元素。对于运动广场、商业街、游客服务中心等服务性公共空间以及街口、村口等生活性公共空间，增加绿地、景观小品、停留空间等，在有限的空间内完善乡村绿地系统，为村民提供更多的休闲活动空间；整合破碎化的闲置空间，见缝插绿，优化乡村的休憩体系，丰富乡村文化空间；进行无害化卫生厕所改造建设、污水处理设施建设等，完善乡村基础服务设施体系。

2）线——营造文化廊道，延续文化基因

保护传统特色巷道，根据巷道风貌的完整性、可识别性将传统街巷分为核心保护街巷、重点保护街巷和风貌协调街巷三级结构。

以村庄主要道路为基础，结合街巷特色与保护原则，优化其功能与文化要素，形成乡村文化廊道。首先，营造传统风俗商贸文化廊道。在该廊道集中设置集市、特色民宿等业态，用以展现丰富的生产生活内容及文化精神，凝聚村庄主题活动，举办民宿文化活动，通过活化文化廊道，赋予村庄新的活力，满足村民与游客的不同需求。其次，完善传统风貌文化廊道。从核心保护区到控制区再到外围区形成体系化的文化廊道，保护区内强化传统风貌特色，对沿街立面进行传统工法、材料、色彩的统一；对不符合传统风貌的建筑进行梳理改造。最后，整合两条文化廊道，将祭海广场、龙王庙、妈祖庙、核心保护区以及其他文化空间串联起来，形成空间连续、业态齐全、尺度宜人、景观层次丰富的线性空间。

3）面——协调自然格局，优化聚落风貌

从村域角度，控制保护山、水、林、田、海、村的总体格局，保护自然地形地貌、滨海岸线格局，传承总体历史自然格局与村庄格局。对于村庄划定核心保护区、建设控制地带、环境协调区四级保护控制片区体系。核心保护区、风貌协调区内的街巷与建筑虽然不全是传统风貌，但具有独特的空间格局，在保护修缮中应严格控制新增建设，逐步恢复核心区传统格局与整体风貌。在建设控制地带、环境协调区内保护历史风貌原真性的基础上，改善院落环境，引入多元业态，丰富功能属性，提升景观效益，活化文化基因。

5.2.1.4 基于文化基因保护传承的周戈庄村保护与发展规划研究

通过基于文化基因保护传承的周戈庄村规划设计研究，以文化基因为切入点，活化乡村自然、人文资源，强化乡村文化价值优势，协调村庄历史风貌，带动乡村产业发展，促进村民安居乐业，传承展示传统历史文化，激活传统滨海乡村的时代魅力。

基于此，构建周戈庄村"两带""两轴""一核""四片区"的功能组织结构："两带"

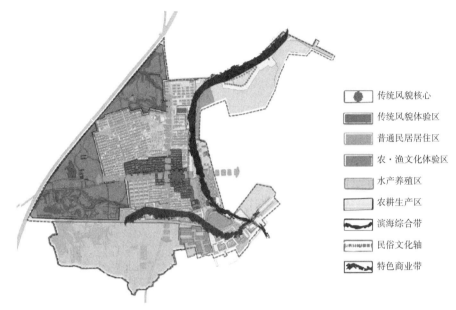

图 5-28　周戈庄村功能组织结构
（图片来源：参考文献 [52]）

为滨海景观带与特色商业带；"两轴"为东西大街与南北大街形成的民俗文化轴；"一核"是以传统风貌为主的传统风貌核心区；"四片区"为农－渔文化体验为主的田园风光区、以高科技水产养殖为主的生产片区、生态农业片区和村民居住区（图 5-28）。

1. 文化基因保护

1）传统建筑保护

明清时期遗留下的传统建筑是周戈庄村文化基因的重要载体。对建筑本体进行分级保护整治，针对核心区内核心保护建筑、重点保护建筑、一般保护建筑、保留建筑、整治建筑五大类，制定相应的保护、修缮、整治措施（图 5-29）。

①核心保护建筑：具有历史建筑的原真性，建筑形制基本完好，风貌特色明显，具有较高的艺术价值与人文价值，对于传统乡村历史文化风貌特征的呈现具有重要的作用，且具有成为历史保护建筑的潜质，该类建筑占核心区内总建筑量的约 5%，其中建筑质量较好的以保护为主，建筑质量中、差的，以修缮为主，且"修旧如故，以存其真"。

②重点保护建筑：民居院落、建筑整体保持传统风貌特征，主体结构完好，墙体、屋面等部分进行过修缮，门窗往往已失去原貌特征。这类建筑具有较好的风貌特征和识别性，对传统乡村整体历史文化风貌特征呈现有积极影响，占核心区内总建筑量的约 14.1%。对此类建筑应在传统形制修缮的基础上，对局部不符合传统风貌的部分按传统形制整治，使其恢复传统建筑风貌。

③一般保护建筑：民居院落、建筑原址未动，建筑屋面虽为坡顶形式，但屋面材质、檐口失去原真性，门窗、墙体因进行修建失去原真性。此类建筑保护对传统的村庄街巷、肌理、

105

图 5-29　传统建筑分级保护
（图片来源：参考文献 [52]）

图例：
■ 核心保护建筑
■ 重点保护建筑
□ 一般保护建筑
■ 保留建筑
■ 整治建筑

历史格局有重要影响。对于核心区内部一般保护建筑，应采用传统建筑材料，按传统建筑形制进行整治、改造，使其恢复传统建筑风貌。

④保留建筑：随着村庄的发展，核心保护区内不可避免存在着新建或改建建筑，这些建筑在建造的形式体量等方面与传统风貌建筑或者基本协调，或者截然不同。在村庄环境整治和乡村建设中，对其立面屋顶门窗等方面进行风貌协调整治；对于核心区内与传统风貌相协调的非传统风貌建筑进行现状保留。

⑤整治建筑：核心保护区内部的与传统建筑风貌不协调的建筑大致分为两类：一是传统院落基地不改变，院落内进行加建改建；二是传统建筑拆除后完全新建。这些建筑整体风貌与传统建筑风貌不协调，以红色瓦屋面为主，院墙、建筑形式基本失去传统特征，对核心保护区整体风貌影响较大。对于核心区内与传统风貌不协调的非传统风貌建筑，进行风貌整治，使其与传统风貌相协调。对改建的平屋顶厢房、倒座房进行平改坡整治，将红色瓦屋面更换为灰色瓦屋面等，改善核心保护区的第五立面形态。

⑥第五立面：周戈庄核心保护区内传统建筑屋顶多为灰色小瓦、板瓦屋面，核心区内部部分传统建筑，因后期修缮而改变为红色屋面的，随传统建筑修缮、整治为传统灰色屋面。新建或翻建的新建筑，暂时保持原状，以后若有修缮、整治的时候，需整治为灰色屋面。

结合传统建筑的保护、修缮、整治措施，对不同类型的建筑院落也进行有针对性的更新改造，在优化乡村整体历史风貌的同时，科学地引入新业态、新功能，激活传统建筑的魅力与潜力（表5-13）。

建筑空间改造示意图　　　　　　　　　　　　　　　　　　表5-13

建筑类别	建筑空间形式	建筑特点
精品民宿		对建筑进行精品化改造，面向高端消费游客，体现周戈庄村地域特色
组团民居		对原有建筑院落进行整合，形成建筑组团，将其改造为适合多人出游的组团式建筑聚落
商业建筑		将院落改造成满足游客商业需求的商业空间。设置工作人员的操作空间以及游客的休闲空间
居民住房		改造当地居民居住的建筑院落，改善其居住条件，优化院落布局，增加绿化空间，提高居民居住质量

2）街巷保护

街巷保护分为核心保护区和风貌协调区两个部分。核心保护区的街巷分为：主街、核心保护街巷、重点保护街巷、风貌协调街巷（图5-30）；风貌协调区的街全部为风貌协调街巷。

主街整治意向图

核心保护街巷意向图

重点保护街巷意向图

风貌协调街巷意向图

图5-30　街巷分级保护
（图片来源：参考文献[52]）

（1）主街

主街的空间尺度较大，沿街建筑以新建建筑为主，2016 年，对东西大街、南北大街交汇区域进行了环境整治，整治部分风貌基本协调。虽然主街两侧传统风貌建筑较少，主街却是村庄商业活动的主要场所，有商店、医院、银行等各类生活服务设施。主街以整治沿街建筑立面为主，使沿街立面风貌与核心区传统风貌相协调；同时增加沿街绿化。

（2）核心保护街巷

核心街巷为现存状态良好特色风貌街巷，街巷两侧多为传统风貌建筑，街巷界面在形制和材料上均较好保存了村庄历史的原真性。街巷空间尺度为传统尺度。对体现村庄传统风貌有重要的作用。严格保护特色街巷的街巷尺度与巷道立面，严格界定巷道控制线。

（3）重点保护街巷

重点保护街巷为现存状态较好的特色风貌街巷，因为后期的建设，街巷两侧存在一定数量的不协调界面，但街巷尺度仍为传统尺度，能较好地反映出特色的传统村庄空间风貌。在严格控制街巷尺度保护街巷风貌的基础上，结合核心保护区的建筑修缮进行风貌整治。

（4）风貌协调街巷

主要分布在风貌协调区，核心保护区分布较少，这些街巷尺度适宜，具有传统肌理特征，是传统村庄空间格局的重要组成部分。但街巷界面风貌杂乱，街巷两侧立面多为非传统风貌建筑。此类街巷应在控制街巷尺度的基础上整治沿街建筑立面，使风貌和谐。

巷道作为传统村落空间的骨架，主要功能是交通、休憩、社交、商业等。通过不同的规划策略优化巷道风貌，保护巷道文化基因；疏通巷道之间的连接，完善巷道体系；提高巷道整体的魅力度、可达性与便利性。在适宜的巷道空间植入景观节点，提升巷道的舒适度与美观度。结合巷道不同的分级保护整治策略，对街巷功能进行优化升级，丰富街道休憩、交流及生活氛围，突出文化基因特色（图 5–31）。

完善道路体系　　　　　植入景观节点　　　　　营造空间收放

图 5–31　对街道进行改造提升

3）历史遗迹保护

（1）龙王庙、天后宫

周戈庄村民世代以打鱼为生，信仰龙神、妈祖，村庄中部临海有龙王庙、天后宫各一处。

龙王庙始建于明代，相传龙王庙旗杆上挂有御赐刘府清爱堂灯笼，相传明清时因沿海一带海盗抢劫，刘氏便去京城找刘墉（1720—1805 年，清朝政治家），刘墉将皇上御赐刘府清爱堂的灯笼送予刘氏，其回村后挂于村东龙王庙的旗杆上，从此海上太平。龙王庙东南侧为祭海广场，是传统节日的主要活动场所，龙王庙、天后宫于 2016 年完成修缮。

（2）文君庙

村庄东部海中有一处岛，距离陆地 2.7km，原名小青岛，1929 年青岛特别市定名后改为三平岛。整个岛由三个小岛组成，当潮水退下去时，三岛连在一起，岛民可以在海岛之间行走；但是海水一旦涨潮，三平岛就会变成三个小岛，故命名三平岛。

文君庙位于三平岛上，始建于清朝，占地约 60m^2，相传清朝时有一批学子进京赶考，在海上遭遇风暴迷失方向，幸遇到文君爷指引，来到岛上避风，学子中榜后为感谢文君爷，故在岛上建庙，保留至今。建议整治岛上环境，保护文君庙，结合周戈庄生态海洋休闲渔业建设，使三平岛变成适合休憩的海岛公园。

2. 文化基因传承

1）传承传统产业，体现特色文化

（1）营造农业景观

保护基本农田和生态林地，发展生态农业；拓展传统农业，发展休闲农业。生态农业建设是实现农业可持续发展的必然选择。生态农业具有良好的生态功能、观赏价值，注重农业生产经营与生态状况的协调、互补。可以通过生态农业开发，以清新的田园风光让游客亲近农业、亲近自然，体验传统的农耕模式与农耕方法，从而陶冶情操，愉悦心灵，展示乡村厚重的农耕文化基因特色。

（2）发扬特色渔业

出海捕鱼与水产养殖是村庄的主要产业，是当地村民生产方式的重要组成部分。如周戈庄村中心渔港，工程地理位置优越，自然条件良好，渔业资源丰富，港区水、陆域面积宽敞，岸线充裕，完全具备工程建设的基本条件。拟进行扩建，使周戈庄中心渔港成为一个功能齐全的现代化渔港。这对于方便渔业生产和综合管理，发展海洋渔业经济，保护生态环境，开发利用当地旅游资源，促进当地乃至周边地区经济的发展具有十分重要的意义。同时，渔港建成后，可形成良好的港内停泊水域，为渔船及观光游览船只提供良好的停泊条件。

除此之外，在三平岛东北侧，采取轮播轮捕、休耕养护，限制捕捞量的措施。通过底播，在海域增加自然资源数量，通过摄食底栖环境的生物碎屑和微型生物，达到初步改善底质环境的目的。该底部区域适合潜水、调查、采捕、观光，此项活动类似陆地上的樱桃采摘节等项目，可以极大地提高游客的旅游兴致，并对海洋文化做一个极好的补充。

2）活化文化基因，挖掘资源价值

（1）深入挖掘，继承非遗文化

深入挖掘、整理乡村传统文化和历史要素，保护修缮传统建筑，逐步完善文化生态体系。

博物馆展示和村落"活态"展示相结合，能有效传播传统文化。以田横传统文化产业集聚区为例。2008 年，田横祭海节被列入第二批国家非物质文化遗产，祭海节是我国滨海渔村在数百年的生活、生产中，逐渐形成的独具地域特色的传统文化和习俗。如今的祭海节，已发展成为中国渔文化特色最浓郁、原始祭海仪式保存最完整规模最大的民俗盛会。探寻祭海节与田横大馒头这两项非物质文化遗产背后的文化底蕴，将其通过祭海文化广场、文化体验馆展示出来，通过对非遗文化的保护，积极进行资料整理、档案建立及文化传播，并使传统文化转化为生产力，深入到百姓日常生活、生产中，让其"活态"传承。

（2）综合利用，注入新兴文化

综合利用传统风貌建筑集中区域，通过传统民居、特色传统街巷、东西南北大街组成的民俗文化街，充分展示渔村传统生活、生产方式的人文特色，形成传统村落体验区。注入新兴文化，结合观光、餐饮、娱乐、休闲、文化、住宿等多元业态，将现代文化艺术创作与民风民俗、渔家文化等传统文化基因整合，提升历史文化资源的艺术活力，实现综合利用。

3）塑造主题空间，打造文化名片

将周戈庄村的文化基因资源与乡村公共空间、主题景观的营造相结合，实现村庄内部空间、自然景观与文化基因的有机融合，打造周戈庄村独特的文化名片。实现传统村落整体的、真实的、可持续的保护与活态传承，实现保护与发展的相互促进和良性循环，真实反应乡村发展演变历史进程，展示传统渔村的生产生活、社会文化的历史发展进程。

（1）优化公共空间

结合村庄空间布局，选取典型公共场地，进行改造提升，展示文化基因特色。主要设置渔文化展示馆、祭海广场、文化展示栈道与民俗工艺体验馆等场所（图5-32）。

（2）提升景观品质

结合自然、历史文化资源，提升村庄人文景观特色，优化生态环境，改善居民生活质量，提升旅游空间质量，促进村庄文化生态的可持续发展（图5-33）。

4）文旅融合，展现乡村魅力

充分利用周戈庄传统历史文化资源、岸线资源、海域资源、岛屿资源，构筑海、陆、岛有机三位一体化的旅游观光体系。总体分为陆域旅游板块、滨海休闲板块、海域旅游板块

渔文化展示馆　　　　　　祭海广场　　　　　　文化展示栈道　　　　　民宿工艺体验馆

图 5-32　公共空间示意图

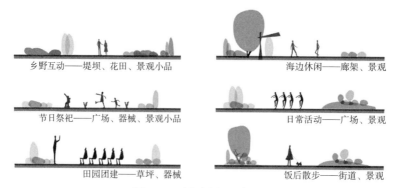

乡野互动——堤坝、花田、景观小品　　海边休闲——廊架、景观

节日祭祀——广场、器械、景观小品　　日常活动——广场、景观

田园团建——草坪、器械　　饭后散步——街道、景观

图 5-33　活动空间示意图

三大部分，通过文旅融合，展现乡村魅力。

陆域旅游板块：一是利用传统村落历史文化，对风貌建筑进行保护修缮，构筑传统风貌历史文化旅游板块；二是利用优美的岸线资源，植入服务业，构筑滨海岸线旅游板块；三是农渔文化展示体验区板块；四是特色商业步行区板块。

滨海休闲板块：集观光、餐饮、娱乐、休闲、文化、住宿于一体的滨海综合区，设置水上餐厅、海洋养殖体验馆、水上娱乐等十多处旅游景点，让游客感受魅力十足的海滨风情。

海域旅游板块：建设海洋牧场，主要为名优海珍品底播增殖区，人工渔礁区；渔业生产与旅游业结合发展海底潜水观光和海洋垂钓；整治利用三平岛，建设岛屿观光区，从生态保护角度，设置必要旅游服务设施；海中浮式餐饮钓鱼平台加网箱养殖，发展特色餐饮、海上垂钓、海上观光（图 5-34）。

① 入口景观　⑫ 妈祖庙
② 田园团建基地　⑬ 海产品养殖观光区
③ 水边活动区　⑭ 民宿体验区
④ 文化体验馆　⑮ 游客服务中心
⑤ 精品民宿　⑯ 社区活动中心
⑥ 渔文化博物馆　⑰ 小学
⑦ 停车场　⑱ 田林观光区
⑧ 晒鱼广场　⑲ 垂钓体验区
⑨ 海上栈道　⑳ 渔家宴一条街
⑩ 祭海广场　㉑ 游艇码头
⑪ 龙王庙

图 5-34　周戈庄村规划平面图

5.2.2　活化转译——港南村

港南村具有丰富的文化基因资源，如山东省非物质文化遗产——海草房等，但在文化传承与感受方面，游客感知的评价相对于同类型的乡村来说得分较低。如何在发展的过程中，最大化保持滨海乡村文化的特色性、地域性、时代性、生态性和艺术性，成为乡村可持续发展的重要议题。对港南村文化感知评价进行科学判断，对其文化传承感知较低的原因进行探寻，从而更科学合理地进行港南村的文化传承与更新设计（图5-35）。

图 5-35　传承与营造的五大要素

5.2.2.1　威海港南村基本情况

港南村位于山东省威海市文登区泽库镇，和诸多中国传统乡村一样，港南村虽然具有得天独厚的自然资源和人文资源，但村庄发展基本处于停滞状态，经济落后、缺乏活力，青壮年外出打工，村庄房屋空置、留守现象严重。村庄的基础设施及服务设施建设不足，道路多为土路，村舍屋顶和墙体部分破损严重，乡村旅游发展整体上处于起步阶段。港南村对外交通条件便捷，具有较好的可达性，周边有滩西村、寨前村、寨里村和姚家村等村落，沿海滩涂 1500 余亩。

港南村有着丰富的自然生态和历史人文资源，包括独具特色的海草房、山海格局和民风民俗等（表5-14）。

港南村文化特色资源　　　　　表 5-14

名称	现有资源
特色民居	
自然景观	
民风民俗	

（1）特色民居

港南村内部分保留了传统民居——海草房，海草屋已有200多年的历史，以海草为屋顶材料，石块做墙体，建筑尺度怡人，建筑元素质朴可亲，是我国胶东地区最具代表性的生态民居之一。厚厚的海草顶具有隔热保温作用，房屋顶部为木制构造，居住起来冬暖夏凉，乡村特色显著、乡土气息突出。

（2）自然景观

港南村自然生态环境优越，山海相映，自成佳趣。海岸线婉转曲折，树木郁郁葱葱，四季分明，自然景观资源极佳。河塘、芦苇、溪流、林木、风车、蓝天和白云，与一座座可爱的小房子相映成趣，形成了一幅幅美丽的乡村画卷。

（3）民风民俗

港南村民风淳朴，有着丰富的乡村美食文化和风俗传统。如喜庆祥和的闹秧歌、戏台文化，花样繁多的剪纸艺术和世代传承的渔民文化等。

5.2.2.2　威海港南村文化基因感知评价

（1）调研设计

采用问卷调研法对港南村文化基因感知进行数据收集，在调研前首先确定问卷内容。内容选取主要从第四章的乡村网络评价的语义分析结果、港南村文化基因体系和乡村基本情况三个方面入手，经过筛选，最终将问卷感知因子确定为街巷脉络、建筑文化、标志性建筑、聚落格局、饮食活动、产业生产、信仰风俗、自然生态、历史延续、手工技艺、节日庆典、景观格局、整体风貌、服务设施和周边资源等15项感知因子。

（2）调研结果

为了保证问卷收集数据的准确性、客观性和全面性，选择工作日、节假日对港南村进行多次调研，采用一对一随机抽样的方式进行问卷调研，共发放200份，收回问卷195份。对问卷数据进行整理并计算得到15项因素的打分和均值（表5-15）。

（3）评价结果分析

在每个感知因子部分（表5-16），人文特色感知和自然环境感知两部分的评价得分大于3分，说明这两部分感知良好，感知因子内有部分的一级指标的得分较低，还有很大的提升和改善空间。而配套服务感知和交通环境感知的分值小于3分，说明感知评价一般。可见游客对港南村的配套服务和交通环境两部分感知很不满意。总体来说，港南村的更新改造有很多问题亟须解决，优化提升空间较大。

5.2.2.3　基于文化基因活化转译的威海港南村保护与发展规划设计

结合港南村文化基因感知评价结果展开相应的保护与发展规划设计。主要包括：传统聚落基因、乡村特色基因、自然环境基因、其他配套基因四部分。

1.传统聚落基因：依托乡土判识，转译文化基因

传统聚落基因感知为3.13分，排名第二，处于良好的标准，因子内包括的街巷脉络、

问卷中各指标得分均值　　　　　　　　　　　　　表 5-15

指标	和	均值
街巷脉络	665	3.41
建筑文化	652	3.34
标志性建筑	563	2.89
聚落格局	559	2.87
饮食活动	519	2.66
历史延续	547	2.81
信仰风俗	537	2.75
手工技艺	568	2.91
节日庆典	570	2.92
整体风貌	578	2.96
自然生态	591	3.03
景观格局	648	3.32
周边资源	637	3.27
服务设施	530	2.72
特色产业	609	3.12

威海港南村景观规划感知评价指标得分　　　　　　　　　表 5-16

评价目标	评价指标（权重）	影响因素	得分
威海港南村景观规划感知	传统聚落 基因感知 （3.13）	街巷脉络	3.41
		建筑文化	3.34
		标志性建筑	2.89
		聚落格局	2.87
	乡村特色 基因感知 （2.81）	饮食活动	2.66
		历史延续	2.81
		信仰风俗	2.75
		手工技艺	2.91
		节日庆典	2.92
	自然环境 基因感知 （3.15）	整体风貌	2.96
		自然生态	3.03
		景观格局	3.32
		周边资源	3.27
	其他配套 基因感知 （2.92）	服务设施	2.72
		特色产业	3.12

建筑文化、标志性建筑和聚落格局等四个指标的评分分别 3.41、3.34、2.89 和 2.87。其中的街巷脉络最高，为 3.41 分，为良好等级，这与港南村各种乡村建筑环境有关，乡村内的街巷脉络整齐，游览感良好。建筑文化指标在该因子内排名第二，为 3.34 分，也为良好等级，港南村的海草房文化特色突出，很多游客慕名而来，因此该项评分也很高。标志性建筑和聚落格局两项评分均小于 3，评分很一般，有多方面的原因。由于村内的村民经济发展水平不一，导致整体风貌不统一，很多村民对自己的房屋进行翻新，建筑材料和门窗采用城市化的元素，丧失了乡土性；还有较多废弃建筑，墙面破旧严重，影响美观度，存在安全隐患，需要对其拆除（图 5-36）；村内部分道路破旧，街巷景观单调，缺少公共绿化及休闲空间，使得乡村整体风貌的评分较低。

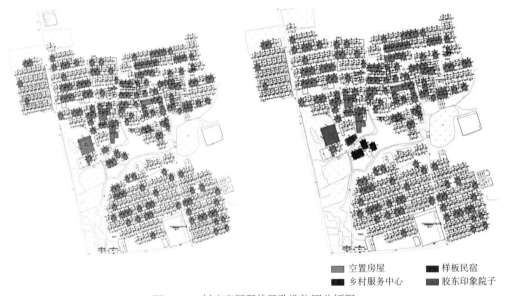

■ 空置房屋　　　■ 样板民宿
■ 乡村服务中心　■ 胶东印象院子

图 5-36　村庄房屋现状及改造位置分析图

在功能和业态上，港南村的未来发展主要需协调当前与未来旅游产业为主，新型农业为辅的矛盾。事实上，港南村不缺乏旅游资源，拥有极具地域特色和乡土气息的生态居"海草屋"和优越的山海环境。但却缺乏供旅游者游憩、餐饮的场所，住宿更是无从谈起。这是目前阻碍港南村旅游发展的核心矛盾，需要优先解决。通过实地走访调查，发现港南村拥有较好的群众基础，村民对于基于"美丽乡村"的环境更新、村貌改善、产业提升等工作持理解和支持的态度，但也对后期运营、资金不足等问题表示担忧。

经过反复现场踏勘、调研讨论，对目前港南村所有 176 户空置房屋进行了统一编号、现状整理、等级划分，最终结合村庄的整体功能布局，确定了 3 处一期乡村风貌改造区域，分别为乡村服务中心区域、胶东印象院子区域和样板民宿区域，试图以乡村公共服务功能的介入，满足旅游者"停下来""住下去"的需求。以针灸式的更新，实现乡土建筑的当代转译，打造港南村复兴的触媒空间，"以点带面"地激发乡村活力，带动区域发展。

在港南村的传统聚落基因感知因子中，标志性建筑和聚落格局这两项指标的评分较差。应深度挖掘本土文化基因特色，结合乡土文化基因判识，提升标志性建筑和聚落格局的感知评价。

1）院落乡土特色文化基因分析

港南村民居院落平面简单，多为正厢院、两合院。开间进深都较小。院落由正厢、东西厢房组成，南面院墙正中开大门，门上盖有门楼。相邻两家共用一面山墙，中间不留空隙，村子里一般四五套房屋连在一起。入户门楼前常建鸡舍或储藏间，形成入户过渡空间。

2）建筑乡土特色文化基因判识

（1）屋面

目前港南村建筑屋面材质有海草、大红瓦、大青瓦和混合式等，屋面形式为双坡屋顶，坡度约为 50°。

（2）门窗

港南村传统民居窗户材质以木材为主，颜色多为青绿色。随着时代发展，也有不锈钢门窗出现。院内可开启的窗扇尺寸较大，采光良好。面对街巷的不可开启窗以竖向格栅窗为主。传统窗扇整体存在采光不足、气密性较差等问题。房屋多在门窗洞两侧收束处施以砖作，以清晰的线脚作为收束边界，更显精致，门窗上下设有石过梁。

（3）墙面

港南村的民居正厢墙身以青砖错缝顺砌法为主。山墙形式多样，多为砖石混砌，可与正立面采用不同石材，偶有水刷石装饰。侧厢房与正厢房风格一致，多为砖石混砌。院墙材质多选乱石、红砖，风格与正厢房山墙风格相近。墙基多采用条形青石，整齐砌筑，稳定性强。

（4）门楼

门楼多是简洁而干练的砖石结构，轻巧中求稳重。砖檐出挑形式简单与左右盘口齐平，没有过多的檐下装饰，常常在砖檐与门楣之间垒砌几层砖、石装饰。

（5）釜台

釜台常由砖块砌成，有时会用砖块错位的形式做出有韵律的花样，整体呈四方工字形。港南村釜台的传统做法是将烟道造于山墙之中，所以东西两家的釜台常并肩而立共用一道墙。

（6）海文化元素

崇海、尚海、敬海的传统在胶东地区由来已久，港南村传统民居中亦具有特色鲜明的"海文化"印记（表 5-17）。

村庄现状建筑特色分析　　　　　　　表 5-17

院落	建筑元素					
	屋面	门窗形式	墙面与山墙	门楼	釜台	海文化元素
无前院式						
前院绿化、菜园						海神神龛
前院鸡舍、储藏						石砖碑

3）港南村传统乡村建造更新实践

（1）港南村乡村服务中心

港南村乡村服务中心位于村庄的景观核心处，也是村子的中心地带，由3个空置的院落组成，是重要的公共服务性建筑。首先，整个设计完整保留了3个乡村小院，通过院落式肌理布局的保存，传承村庄的小尺度特色。打造了乡村服务区、接待区、乡村工作营、（村民）活动区等功能区，满足旅游者和村民的不同使用需求。其次，保留门前菜地，使之成为人们既可以欣赏也可以采摘的场所。结合低影响技术对原有河道进行污水处理，营造生态河道景观，并结合入口广场的设计，强化乡村元素。将现状小树林提升为可供玩耍交流的休闲场所。最后，深入研究传统建筑材料与工法谱系，提取乡土建筑元素，保留建筑原有围护结构，承重加固等不可知因素采用现代化的技术和材料进行优化，局部增加了面积，追求一种微妙的在地感和现代性的调和。重新梳理建筑屋面，沿用传统海草房的做法。屋顶高度提高600mm，以改善室内采光及层高不足的情况。屋面以钢构加固，辅以木材檩条结构。面向内院墙体采用钢柱支撑，给开窗变化带来更多的可能性。外侧墙体沿用原墙体承重。窗体加大，提升采光条件，局部以钢结构加固。墙面材料选用村内的特色石墙并沿用传统的砌筑方法。建筑细部打造亦积极呼应乡土传统元素，以堆放在院门口的木柴堆和传统砖砌墙面为设计原型，营造出光影及层次感丰富的墙面开洞形式。并以窗前晒太阳的场景为原型，进行座椅与窗的结合（图5-37）。

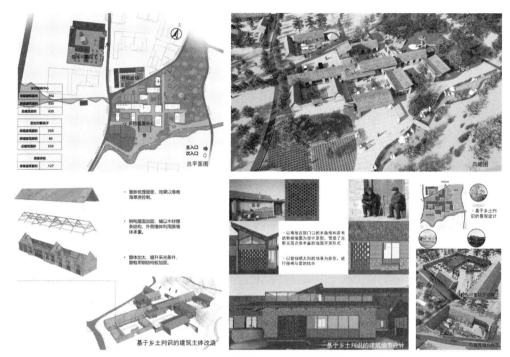

图 5-37　基于乡土判识的乡村建造平面图及效果图

（2）"胶东印象"院子

胶东印象院子由一套较大的空置院落改造而来，主要承担特色餐饮功能，也设置了少量的住宿单元。胶东印象院子的改造依托原有院落与建筑的空间体系，采用轻触式介入的设计手法因势利导，将新建筑与老建筑整合为一高四低、有动有静的空间组合，在延续原建筑乡土特质的基础上，塑造出一个更具开敞性、公共性的建筑形态。同时还打造了一处具有渔家特色的船形室外灰空间，成为室外聚餐或是展示表演的场所，提升院落的趣味性和停留感。这里相对热闹，餐饮、戏台文化、手工制品等都在此处集中展示、销售，是一处港南村的对外窗口，旅游者和当地村民可以在这里感受到丰富的乡村美食文化和世代传承的渔民文化（图 5-37）。

（3）"样板"民居

样板民宿选择了一处紧邻胶东印象院子的普通空置民宅进行改造，完全保留了原有院落和建筑的乡土特征。将 2 个牛棚打通，改造为阅读的空间；将原来黑暗、狭窄、低矮的储藏空间改造为茶室；保留原有的青石墙面，使之与新的使用功能产生戏剧性的对比。重新定义原有居住单元，打通被分割的空间，营造出更为多元和有趣的住宿氛围。重新梳理了院落空间，保留了原有菜地，营造了一处海草亭，完善与丰富院落的使用功能。在有限条件下，对原有环境做出积极应变，意在结合建造寻回乡村偏离的"风土性"与"历史性"。

基于稳定的地理气候、历史文化与材料技术，乡村风貌及建筑往往表现出一种成熟的整体风格。在乡村展开的相关改造与建设，首先要尊重村落的地域文化特征，保护传统乡村肌理与建筑风貌；但是除却历史古迹的保护之外，乡土建筑改造与建设不是简单地延续传统建筑形式，在新的功能需求和技术材料的语境下，应该积极面向当代的建筑设计需求，基于对乡土文化基因特色的深入判识，实现乡土建筑的当代转译，使其能够承载新功能、新空间、新业态，进而促进乡村空间的活化，激发乡村发展活力，使乡村拥有的资源真正转化为可以服务于当地村民的资本。

2. 乡村特色基因感知：挖掘乡村特色文化，延续滨海人文历史

乡村特色基因感知包含的五项指标均小于 3 分，评价等级一般，说明该项因子改造空间很大。其中饮食活动和节日庆典为 2.92 和 2.91，接近于良好等级，说明乡村内饮食及节日庆典活动虽具有一定的渔家文化特色，但也具有较大的提升空间。

将乡土文化基因融入港南村各个设计环节中，建立健全港南村文化保护与传承机制，保证其真实性、完整性、延续性与稳定性；分析乡村习俗、风情、服饰、建筑、农耕等丰富多样的乡村传统文化基因沿革；防止乡村旅游产品的庸俗化、舞台化，提供真实、保留原生态乡土文化基因特色的乡村旅游产品；防止港南村更新改造过程中的城市化、人工化、商业化倾向，留住村民，留住乡愁（图 5-38）。

3. 自然环境基因感知：保护乡村自然环境，营造自然生态

自然环境基因感知评分排名第一，为 3.15 分，等级为良好，该项因子包含了整体风貌、自然生态、景观格局和周边资源四个指标。周边资源和自然生态的评分为 3.32 分和 3.27 分，在该因子内评分最高，这与港南村优越的气候和地理位置有关，暖温带季风型湿润气候使得该村温度适宜、风景宜人。景观格局的评分为 3.03 分，评分等级为良好，港南村的自然风景资源丰富，村庄有山有海、有水有田。

尽管如此，村内自然生态环境及乡村绿地系统也存在急需解决的问题。首先，对港南村的自然生态进行系统保护，以应对急速增加的旅游需求，采用生态化的设计手法，科学保护和利用滨海自然景观资源，融合自然环境与人工环境，提升港南村滨海乡村景观的文化性、生态性、舒适度与美感度，促进"山海田林人居"和谐共生。其次，改善乡村杂乱的景观环境，对河道进行清淤与改造，还原生态河道景观（图 5-39）。采用乡土植物，融合硬质景观与软质景观，以生态化的设计手法优化乡村景观（图 5-40）。

4. 其他配套基因感知：提升乡村基础设施，优化服务环境

特色产业的评分为 3.12 分，为良好水平，港南村的区位特点决定了其产业特点，丰富的业态，不仅具有经济效益也具有一定观赏性，所以该评分较高。服务设施的评分较低，为 2.72 分，村内缺少公共停车场及休闲健身广场，环卫设施、路灯、标识等基础服务配套设施。

因地制宜、就地取材，采用乡土文化基因元素展开设计，完善乡村基础设施，优化服

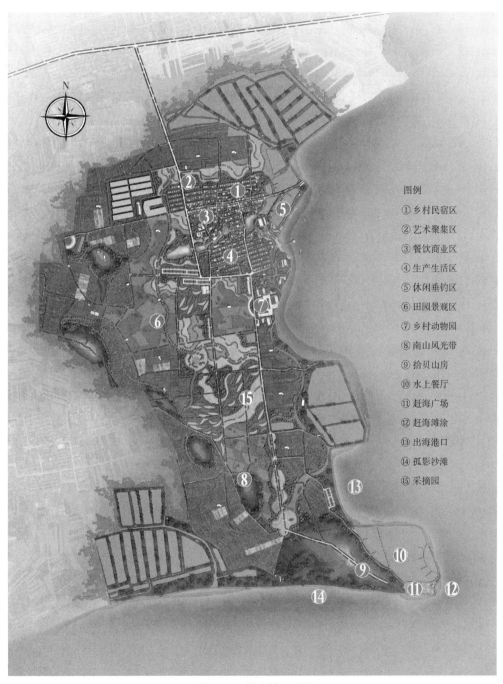

图 5-38　港南村平面图

图例

① 乡村民宿区
② 艺术聚集区
③ 餐饮商业区
④ 生产生活区
⑤ 休闲垂钓区
⑥ 田园景观区
⑦ 乡村动物园
⑧ 南山风光带
⑨ 拾贝山房
⑩ 水上餐厅
⑪ 赶海广场
⑫ 赶海滩涂
⑬ 出海港口
⑭ 孤影沙滩
⑮ 采摘园

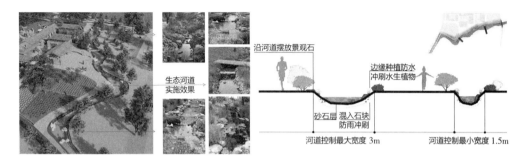

图 5-39　生态河道构建

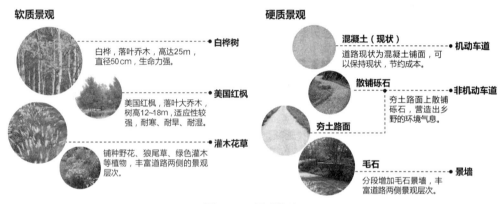

图 5-40　景观构建

务体系。根据不同区域休闲活动的配套需求、游客人流量和景观环境，提取不同的文化基因，在乡村内部和滨海区域设置两处服务中心（图 5-41~ 图 5-44），补充设置公共停车场（图 5-45），增加公共厕所（图 5-46），对乡村车行道路和人行道路进行针对性设计，打造乡村入口空间、完善乡村标识系统。

图 5-41　乡村海草房服务中心

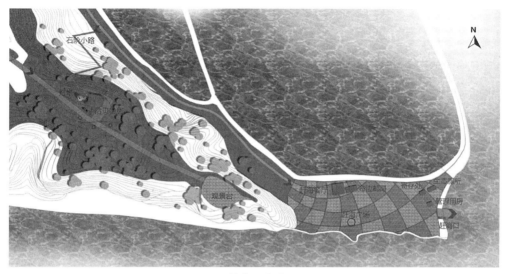

图 5-42　滨海服务中心平面图

图 5-43　滨海服务中心效果图

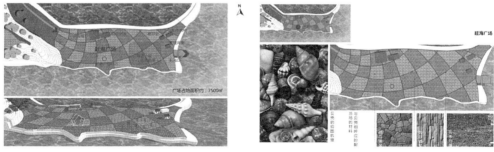

图 5-44　滨海服务中心铺装分析

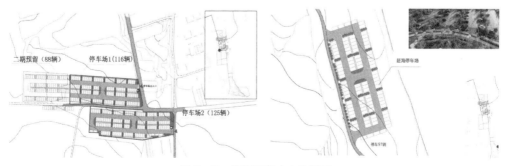

图 5-45　滨海服务中心分析图

图 5-46　厕所效果图

5.2.3　当代表达——港东村

在全域旅游背景下，如何充分挖掘乡土文化基因价值，以独特的民俗风情、美丽的自然风光、丰富的特色产业、淳朴的乡村民居促进当地旅游经济发展是实现文化基因当代表达的有效途径。

以港东村为实践样本，进行文化基因识别与挖掘研究，通过线上游客样本数据分析，对港东村热点词频进行网络共现，实现客观感知提取。后期规划设计中，对关联度高的词频进行强化表达，对感知度低的文化基因进行挖掘活化，在此基础上提出相关策略，优化文化基因的空间表达，从而科学合理地展开符合港东村当代需求的更新设计，促进乡村可持续发展。

5.2.3.1　选取依据

港东村位于青岛市崂山区，毗邻仰口景区，地理位置特殊，依山傍海，是青岛首屈一指的美食之乡。其海岸线辽阔，滨海景观丰富，山、海、港、湾、岛、河等自然景观交相辉映，风景秀丽。选择港东村作为研究对象的原因主要有两方面，一是港东村与很多滨海乡村不同，由于其发展制造业较早，当地村民对于现代化生活的接受度较高，对高品质生活的需求感较强，有利于达成文化场景提升和环境更新的共识。二是港东村有着悠久的历史，自然生态资源和人文景观资源都十分丰富，但与同类型乡村，如青山渔村相比，缺乏知名度，游客对当地特色文化感知度较低。

5.2.3.2　港东村概况

1）变迁历程

港东村的建村史大致可以分为十个阶段（图 5-47），早期的港东村与当时的海防军屯和人口迁移密切相关。明朝时期，山东沿海一带频繁遭受倭寇入侵，于是明政府掀起了捍卫

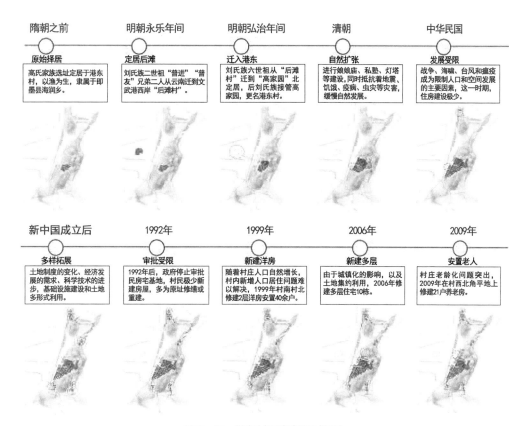

隋朝之前	明朝永乐年间	明朝弘治年间	清朝	中华民国
原始择居	**定居后滩**	**迁入港东**	**自然扩张**	**发展受限**
高氏家族选址定居于港东村，以渔为生，隶属于即墨县海润乡。	刘氏族二世祖"普进""普友"兄弟二人从云南迁到文武港西岸"后滩村"。	刘氏族六世祖从"后滩村"迁到"高家园"北定居，后刘氏族接管高家园，更名港东村。	进行娘娘庙、私塾、灯塔等建设，同时抵抗着地震、饥饿、疫病、虫灾等灾害，缓慢自然发展。	战争、海啸、台风和瘟疫成为限制人口和空间发展的主要因素，这一时期，住房建设极少。

新中国成立后	1992年	1999年	2006年	2009年
多样拓展	**审批受限**	**新建洋房**	**新建多层**	**安置老人**
土地制度的变化、经济发展的需求、科学技术的进步，基础设施建设和土地多形式利用。	1992年后，政府停止审批民房宅基地，村民极少新建房屋，多为原址修缮或重建。	随着村庄人口自然增长，村内新增人口居住难以解决，1999年村南村北修建2层洋房安置40余户。	由于城镇化的影响，以及土地集约利用，2006年修建多层住宅10栋。	村庄老龄化问题突出，2009年在村西北角平地上修建21户养老房。

图 5-47　港东村历史变迁时间线

（图片来源：参考文献 [51]）

海域安全的抗倭战争，同时采取一系列加强海运防御的军事建设，形成重要的海防军事体系即卫所制度。港东村历史上就隶属于鳌山卫城，是最低一级的烽燧海防聚落，村民大多是从外地移民而来的军户。

2）自然区位

港东村距青岛市区 50km，三面环海，北邻文武港，南倚崂山，东接码头，西临镇区。同时，港东村处于城市边缘，是城镇化背景下区位特殊的城边村。

3）文化基因识别

依据意识形态构成、生产生活方式以及外部表象构成进行港东村文化基因识别，并将象征着港东村特色的文化因子进行分类和归纳（表5-18）。

（1）外显性基因分析

①顺应时代的产业革新

港东村作为典型小渔村，秉承典型的"男渔女茶"的协作生产方式。港东产业结构经过三个阶段优化发展，已形成渔农结合、二产三产支撑的产业现状，具体表现为以渔业为主带动捕鱼、晒鱼、渔产品加工等一系列特色产业，以茶田和海产品为主，以机件制造为辅的

港东村文化基因   表5-18

文化基因类型		文化基因内容
意识形态构成	信仰文化	天地全神信仰、妈祖信仰、风水礼俗
	神话传说	狐仙传说、刘杰打官司传说、海神娘娘传说
	海上风俗	文字避讳（如"翻"）
	制度文化	姓氏祠堂
	历史文化	碉堡、坑道与营房、宾奴亲王观景台、中日友好林
生产生活方式	旅游业生产	海鲜市场、渔港码头、渔家宴
	渔业生产	海产捕捞、近海养殖、海产品加工
	农耕生产	茶田、小麦、玉米、地瓜、花生
	工业生产	金属配件、纸箱包装、木质托盘制造、物流仓储
	手工技艺	王哥庄面塑、古法晒鱼
	节日庆典	祭祖祭天、祭灶节、妈祖祭海"摆三牲"
	文艺形式	吕剧《小姑贤》、舞龙队、乐鼓队、妇女节活动
	饮食文化	海鲜、海菜、大馒头
外部表象构成	建筑文化	海石房、花岗石墙面
	标志物	大台子灯塔、文武港大桥、妈祖庙、古井、古树、老屋
	街巷脉络	规则式梳形
	村庄肌理	街巷式
	聚落格局	三面环海、依山就势、临海而居
	自然生态	山、海、湾、港、田、河、滩涂等
	景观格局	均匀型、空间连接

社会生产产业（图5-48）。生产空间大多分布在海岸沿线附近，多为养殖空间，服务业业态较为单一，均为渔业所引发带动的码头渔家宴，产业空间布局分散。

②历久弥新的民间习俗

港东被誉为"晒鱼之乡"，村民从事海洋捕捞业已有400多年的历史，腌制咸鱼的历史悠久，港东渔民以"尊重传统、传承技艺"为指导，结合"原料新鲜、海水洗海水卤、海风晾晒"的传统腌制经验，进一步探索出"甜晒鱼""汤腌鱼"等远近闻名的港东腌鱼品牌。与"渔"相关的活动也十分丰富，主要集中在交通便利的文武港码头，现有渔家宴一条街，临海观景，坐听海风，有着区别于大都市的渔家生活和多样有趣的田园风光（图5-49）。

同时，港东村一直传承王哥庄面塑等手工技艺和祭祖祭天、妈祖祭海"摆三牲"等的民间节庆，以及舞龙、乐鼓、妇女节观剧等特色民俗活动。

③乡情浓郁的建筑院落

早期港东村住宅排布十分稀疏，随着人口的增多，房屋开始穿插建造，以原有住宅为核心向外扩，建筑排布趋于紧密，逐渐形成如今的院落格局（图5-50）。

村内传统民居大多由坡屋顶正屋、平屋顶厢房、天井和入口空间（门房与照壁）组成。居住空间内部私密性较强，随着院落承担的功能增加和居民对于内部空间需求的上升，村内许多老屋都进行了更新，多是通过旁边建设新屋增加功能空间，而原有建

● "靠山吃山，靠海吃海"——直至新中国成立前村内产业结构十分单一，依靠海上捕捞和农业。

● "集体建厂，二产兴盛"——19世纪60年代起，村内集体集资建造造船厂、机床厂等。

● "改革开放，产业多样"——改革开放后村内的产业结构发生较大改变，个体、商业、餐饮服务业蓬勃发展，第三产业产值逐年增加。

图 5-48　港东村产业分布情况
（图片来源：参考文献[51]）

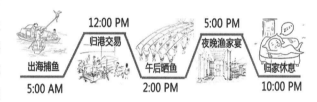

图 5-49　港东村码头生活
（图片来源：参考文献[51]）

筑则作为储藏间等附属空间使用，更新方式较为单一。

早期盖房材料多就地取材，石料主要是从东海岸采来的海石，形成独具特色的海石房，集中成片布局，均为石墙砌筑的结构，体现了港东村独特的建筑风格。

④多元组合的公共空间

港东村的公共空间大致可分为三种类型：滨海开放性公共空间、内部生活性公共空间和文化祭拜性公共空间。

图 5-50　港东村建筑风貌
（图片来源：参考文献[51]）

滨海开放性公共空间主要集中在码头和滨海岸线区域。码头是港东村公共活动最为频繁的地方，游客、外来人群和当地居民都会聚集于此进行社会活动，同时滨海岸线也是进行渔业生产和交易活动最丰富的地方，岸线的功能会随着时节发生变化，形成多样化的公共活动空间。

内部生活性公共空间主要集中在广场、街巷和古井区域。目前村内可供日常生活需求的广场空间并不多，村口的门前广场是最典型、最普遍的社会交往场所。村内居住密度较高，导致街巷空间缺乏活力，同时受停车设施不足及停车规范问题影响，街巷流动性受阻，反而使街巷的拐角处产生丰富的社会活动。水井是港东人原始的取水方式，围绕古井展开的一系列社交活动已经随着其功能的消失而逐渐失去活力。

文化祭拜性公共空间主要集中在妈祖庙和东山祖坟。港东村围绕妈祖庙展开的祭祀活动，游览活动十分壮观。庙宇空间承担着人与"神"、人与人的对话和交流，以此衍生的公共活动，是港东人重要的文化传承和精神寄托之地。

⑤海陆交融的景观风貌

港东村位于海陆边界，是生态重塑的核心地带，属三面临海的半岛式格局。山脊线连绵，村内有野鸡山、小后山、东山、南山等山峰，山体景观丰富（图5-51）。东临黄海，滨海岸线近7km，区域内有兔子岛、马儿岛、狮子岛、女儿岛、长门岩、小管岛等海岛景观和晓望河河道景观。山－海－岸－岛－河等生态景观资源丰富，具有独特的海陆景观（图5-52）。

（2）内隐性基因分析

时代变迁，文脉犹存。港东仍保留着许多文化载体，像村内随处可见的"出门见喜（福）"、妈祖文化节、祭海仪式等（表5-19）。但随着乡村的快速发展，许多富有特色的历史景观节点正在消失，许多承载着历史记忆的空间失去了原始的功能。与此同时，对于妈祖文化等海洋文化的保护力度也有所不足，缺乏相关系统的传承发扬。

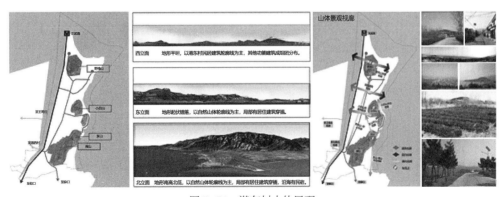

图5-51 港东村山体景观

（图片来源：参考文献[51]）

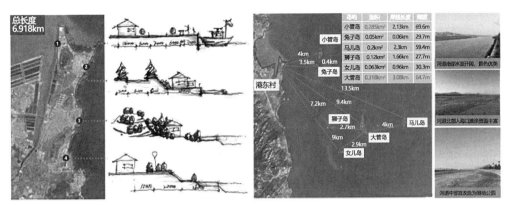

图 5-52　港东村滨海景观
（图片来源：参考文献 [51]）

港东村内隐性基因载体一览表　　　　　　　　　　　　　　表 5-19

基因类型	物质 / 非物质载体	资源现状
历史文化	古树	村委会的古银杏；村内中心沟附近种有一排垂柳；村南存有一株古杏树。
	古井	部分井或已被填或围至村民家中，现存三口井保存。
	老屋	现存历史较为久远的有一处四百多年历史的老屋旧墙，一个百年历史的院落。
	石湾桥旧址	港东发展经济的历史象征。
	宾努亲王观景台	纪念 1973 年柬埔寨首相到访港东村参观，留存至今。
	野鸡山防空坑道	抗日救国遗存。
	中日民间友好林	西川文夫造林之举流传至今。
	文武港码头	明朝年间初步形成，1950 年左右建成，1986 年扩建，2008 年改造。
信仰文化	妈祖节	2001 年修缮妈祖庙，每年的农历四月初八，村民会在此举行盛大隆重的妈祖祭海活动。
	庙会	一般在正月十五举行妈祖庙会民俗活动。
	海上绕境	与妈祖文化节关联的祭海仪式。
制度文化	风水礼俗	泰山石敢当；出门见喜（福）；放鞭炮。
	刘氏祠堂	现改为工厂，但整个院落仍保留原貌。
	红白喜事	祭祖丧事活动已经从简，一般家中老人去世后在家停放 2~3 天，之后火化，葬于东山墓区，灵牌在家中放至五七后便收起。

①民间信仰与祭祀空间

原始山地文化、中原文化、齐鲁文化、闽台文化和滨海文化不断地传播与碰撞，多元融合形成港东村多神崇拜的民间现象，展现着村民对于美好生活的向往以及包容丰富的精神信仰世界。长久以来村民信奉龙王、财神、灶王、妈祖等，修建了三官庙、龙王庙、土地庙、关帝庙和妈祖庙等祭祀庙宇，这些庙宇多分散在村庄某一角落，祭祀空间较为分散。后随着社会的发展和村民生活方式的转变，现仅存有妈祖庙一处，村民的祭祀活动大多集中在妈祖庙附近，形成了较为集中的祭祀空间。

② 宗族文化与祠堂空间

刘氏族祠堂是村内唯一一处原始的祠堂空间，祠堂不但承担着供奉祖先的祭祀功能，同时还承担着学堂的教育功能，可供刘氏子弟上学读书之用。随着社会环境发展，祠堂的功能不断变化，原始的祠堂空间已由大队办公空间变成了工业生产空间，现已不具备最初的祭祖功能，但整体的建筑院落空间保存较为完好。

5.2.3.3 港东村感知词频共现

通过线上游客样本数据采集与处理，共获取港东村相关数据359条，并采用ROST Content Mining依次对文本数据进行词频分析、社会网络和语义网络分析，分别得到游客对港东村总体感知的网络评价和乡村文化高频词汇和关联词频的关注度等。

（1）高频词汇提取

对词频进行处理，排除与研究无关的高频词，即可提取出关于游客对港东村总体感知的网络评价和乡村文化感知排名前45的高频词汇（表5-20）。通过对这45个高频词汇分析可知，"民宿""服务""环境"等词频排在前面，说明游客对港东村的总体服务感知较好，对乡村文化基因的关注点主要集中在旅游业生产和自然生态环境两个方面，并且呈现较为满意的评价。

港东村线上网络评价前45高频词汇　　　　　　　　　　　　　　　　表5-20

排名	词汇	词频统计	排名	词汇	词频统计	排名	词汇	词频统计
1	民宿	130	16	村民	26	31	满意	14
2	服务	117	17	美食	23	32	舒服	13
3	环境	90	18	安静	22	33	停车场	12
4	房间	77	19	周边	22	34	步行	11
5	干净	63	20	海鲜	22	35	配套	11
6	区位	52	21	沙滩	21	36	味道	11
7	崂山	50	22	度假	21	37	偏僻	11
8	海边	49	23	特色	19	38	风景	11
9	方便	47	24	交通	18	39	海滩	10
10	设施	46	25	大海	17	40	大馒头	9
11	景区	45	26	舒适	16	41	渔村	8
12	卫生	43	27	建筑	16	42	赶海	8
13	仰口	38	28	优美	16	43	景色	7
14	热情	28	29	晒鱼	15	44	海水	7
15	村落	27	30	停车	14	45	码头	6

"区位"排在第 6 位，词频达到 52 次；"设施"排在第 10 位，词频达到 46 次；"卫生"排在第 12 位，频次为 43 次；"交通"排在第 24 位，频次为 18 次。说明游客对配套服务质量和交通便捷程度这两部分较为关注。"海边"和"沙滩"、"美食"和"海鲜"、"晒鱼"和"大馒头"、"赶海"和"码头"等词汇则说明游客对港东村的自然资源、饮食文化、民俗文化和渔业生产等文化基因较关注。"安静""度假""舒适""优美"等词汇说明游客对乡村的总体评价较为满意。

（2）语义网络共现

采用 ROST Content Mining 软件进行社会网络和语义网络分析，得到各关联词汇形成的网络结构（图 5–53），通过样本语义共现网络的直观表达，可以相对完整地呈现出游客对乡村的感知关注点。图 5–53 中反映出服务、环境、卫生为主核心圈，海边、区位、景区、设施和房间等为次核心圈，节点和箭头连线共同构成的是游客对港东村的关注点。与服务相连接的有设施、房间和区位等，与环境相连接的有区位、海边和景区等，体现出了游客对港东村配套和周边环境的高度关注，而与文化、民俗相关联的词很少，可见港东村整体的文化基因关联度并不强，并且游客对文化的感知也较弱，在后续的研究和规划策略设计中也将重点关注港东村文化场景的更新表达。

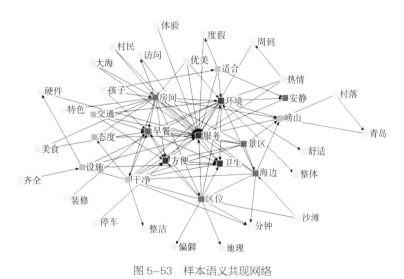

图 5–53　样本语义共现网络

5.2.3.4　基于文化基因挖掘与更新表达的港东村环境提升策略

1. 文化基因挖掘

1）提炼文化基因符号，强化村庄名片效应

港东村的文化基因是多元的，因此在形成文化当代表达的过程中，首要解决的就是将多样冗杂的文化基因进行归类整理，凝练出具有代表性的文化基因符号，形成乡村的代名词，发挥村庄的名片效应。

（1）"渔"符号与"妈祖"符号

基于对港东村文化基因的探索与梳理，得出以"渔"和"妈祖"为首的港东村代表性文化基因符号，通过挖掘具有地域特色，将承载港东典型生产生活及历史记忆的主体文化基因，作为重点保护传承对象，通过有形的物理空间进行文化基因表达，串联妈祖文化活动时间线文化基因载体序列，加强渔文化代际之间的传承与发展（图5-54）。

图5-54　文化基因符号提炼策略
（图片来源：参考文献[51]）

（2）融入IP形象，激活文化效益

整合人文资源，构建人文景观与乡村共生的格局，凝聚文化积淀，激活古老的乡村记忆，发扬和传承港东文化，打造港东IP产品，促进港东文旅发展（图5-55）。例如，利用港东晒鱼的民俗现象，打造晒鱼景观IP符号，通过举办晒鱼体验活动、民俗展示等持续营销活动，丰富乡村民俗活动的交互性。

图5-55　IP发展意向

2）重塑乡土人文景观，传承村落特色风貌

保留和传承是乡村景观建设的重要原则。乡土景观是历史延续的载体，更是乡村文化底蕴的体现，应最大限度地保留原有乡土人文景观的连续性，尊重原有场地的肌理关系，保留乡村原有人文要素，并将其合理融入新的乡村景观建设中。从乡村的民间传说和历史场景中提炼人文元素，进行传统风貌的艺术再现，使村落在保留乡土风貌的同时又不失当代人文气息，重焕发展创新的生机和持续的活力。

（1）传统院落的多层次更新

①拆除：拆除部分破坏院落肌理的搭建建筑物，还原传统的院落格局。

②改建：改建传统院落中已被私自重建但不合传统风貌的建筑。

③合并：合并两个邻近的、风貌破损严重的院落来组织公共空间。

④保留：保留传统院落中有一定纪念意义或者历史价值的建筑物。

⑤植入：传统建筑加入现代元素（如连廊、玻璃体等），使传统与现代相融合，为原有建筑注入新的可能。

⑥置换：对港东村的建筑功能进行梳理，将局部功能置换并加以利用形成新的活力点（图5-56）。

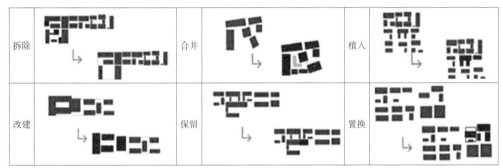

图5-56　传统院落更新策略
（图片来源：参考文献[51]）

（2）码头景观的多元化营造

结合不同人群对码头活动的需求，充分挖掘其文化底蕴和地域特色，打造不同功能的开放空间和建筑形式，如伴晨光观妈祖、吹海风品海鲜、赏落日赶海鱼等，充分焕发港东码头的活力与生机。

①本地渔民活动：完善与捕鱼相关的设施，增设海鲜交易、海鲜加工、妈祖朝拜、休憩等空间。

②外来游客活动：串联妈祖庙、渔文化馆参观路线，临海岸线组织赶海体验、海鲜尝鲜、漫步海岸、团建聚会等空间。

③商业经营者活动：改善海船观景、渔家宴等设施环境，形成空间舒适、安全可靠的村庄氛围。

2. 更新表达

1）巩固公共安全格局，构建和谐宜居环境

依据乡村整体发展要求，以传承乡村历史风貌和文化民俗为基础，合理布局现代化的交通体系，完善水、电、气、路、讯"五网"基础配套，增设亮化、环卫、监控、标识等设施，以满足各类人群对现代生活和公共安全的需求。从人的感知尺度出发，控制各空间节点关系和道路网络规模，形成功能完善、尺度宜人的空间环境，构建和谐宜居的乡村环境。

（1）疏通交通体系，保障道路安全

①完善路网，规范出行：梳理货车、小汽车、农用车行车通道，连通村庄断头路，形成完善的路网系统；调整建筑退界，统一道路宽度、道路材质，提升街巷品质；构建人车分流系统，确保步行与车行安全，提高道路利用率。

②优化配套，绿色出行：结合村庄道路系统合理布设公交站点，疏通公交路线；结合游览线路增加汽车和单车停靠场地，形成绿色舒适有序的出行方式。

③亮化照明，安全出行：增设村庄街巷路灯，并加强村内监控系统建设，保证日夜间出行安全（图5-57）。

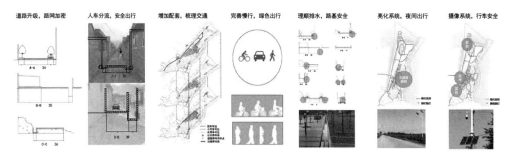

图 5-57　交通体系建立策略
（图片来源：参考文献 [51]）

（2）整合碎片空间，形成空间序列

①潜力空间挖掘：基于村民活动特征和土地存量情况，发掘和更新碎片空间。

②整体连接，分区强化：细化功能需求，扩建功能用地，形成空间序列，构建空间秩序。

（3）完善基础配套，改善村容村貌

①整治雨污设施，增强环保意识：自下而上组织沟渠清理与维护，分类分级进行雨污收集处理。

②增设村庄公厕，展示乡村特色：结合村庄形象和旅游服务承载，增加公共厕所，以便村民和游客使用，并在设计中体现村庄特色。

③统一垃圾处理，进行村容维护：集中进行垃圾回收处理与再利用，挖掘生态在地性的可能（图5-58）。

2）优化三生空间布局，促进文旅经济发展

乡村原有布局是依附于农业经济发展而逐渐形成的，它承载了村民对不同场所空间的需求，如农业生产生活、社交娱乐等，代表着人们对于改造世界的价值取向，反映了各个时

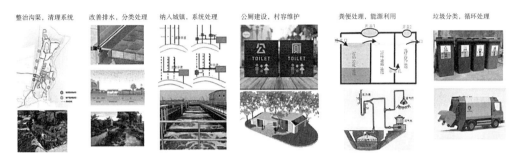

整治沟渠，清理系统　　改善排水，分类处理　　纳入城镇，系统处理　　公厕建设，村容维护　　粪便处理，能源利用　　垃圾分类，循环处理

图 5-58　基础配套完善策略
（图片来源：参考文献 [51]）

期人们的生活场景，也蕴含着人们对于乡村的情感寄托和历史记忆。而乡村振兴带来了乡村经济发展水平的提高和建设规模的扩大，面对这些发展带来的机遇，需要在宏观层面上对原有空间进行合理的优化调整与更新，并通过文旅复兴形成港东产业新格局，从而带动港东整体经济发展。

5.2.3.5　基于文化基因挖掘与更新表达的港东村规划提升设计

1. 文化基因表达

1）传承文化基因，营造当代氛围

（1）"渔"的传承

①传统渔业转向休闲渔业：以传统的渔猎活动转向三产联动的多样活动，结合海洋生态游和渔业文化游丰富渔业业态。

②渔业空间的当代营造：通过增设渔文化博物馆、完善码头等岸线空间的营造，串联渔业空间形成主题文化观光旅游路线（图 5-59）。

（2）"庙"的传承

①妈祖文化的保护传承：保持原始庙宇的肌理，改善其围合方式，并添置景观小品，丰富广场空间；与渔文化博物馆形成空间序列，并保持通透的山海视线关系。

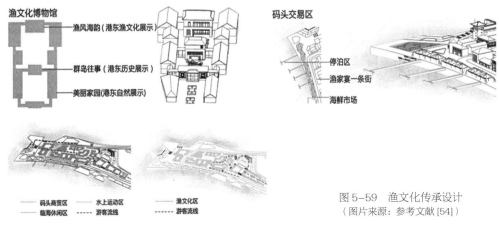

图 5-59　渔文化传承设计
（图片来源：参考文献 [54]）

②妈祖氛围的当代营造：向东侧打通妈祖庙广场，将山顶原有工厂进行功能置换，建一处山顶剧院。由剧场至海上广场打通，做到近可赏剧、远可观海，形成近中远不同景深的视线设计（图5-60）。

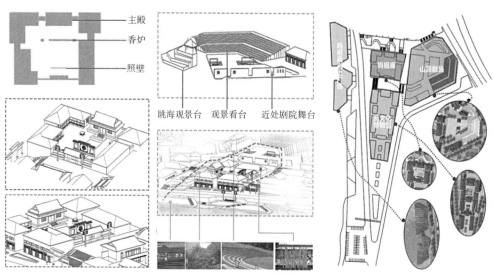

图5-60 妈祖文化传承设计
（图片来源：参考文献[51]）

2）院落功能置换，形成文化渗透

①采用多种设计手法进行传统院落更新，形成新的院落组合，丰富步行流线，并通过功能植入，增设文化商业等业态（图5-61）。

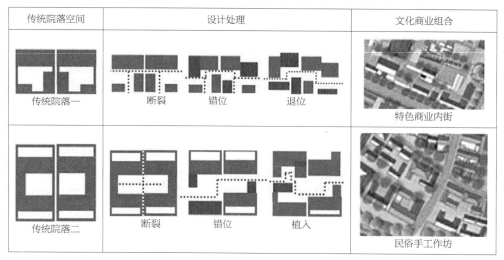

图5-61 传统院落功能置换
（图片来源：参考文献[51]）

　　②适当添加文化功能，在合理的场地进行文化展示和体验性空间设计，如村史纪念馆等（图5-62）。

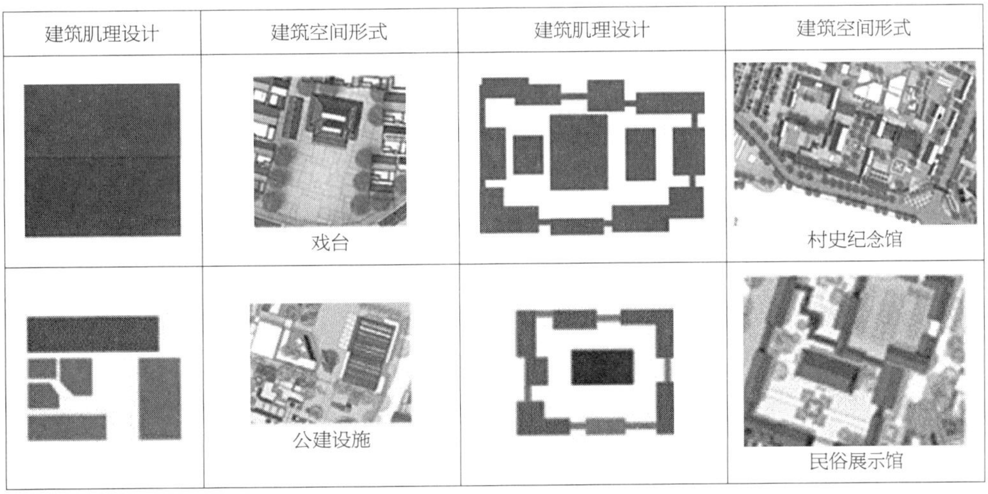

建筑肌理设计	建筑空间形式	建筑肌理设计	建筑空间形式
	戏台		村史纪念馆
	公建设施		民俗展示馆

图 5-62　传统院落功能置换
（图片来源：参考文献 [51]）

　　③优化院落布局，增加当代生活必需的场地，并对院落空间进行优化设计，打造乡村特色民宿院落。

　　2. 更新表达

　　1）聚落空间提升，创新当代人居

　　（1）叠加——历史记忆与传统格局的继承（图5-63）

　　①修缮、还原特征性历史事件空间，组织游览路线，形成叙事场景。

　　②新增服务性公共设施及传统风貌安置住宅，优化村民生活性流线。

　　③邻近功能复合性叠加，形成趣味性的空间场地。

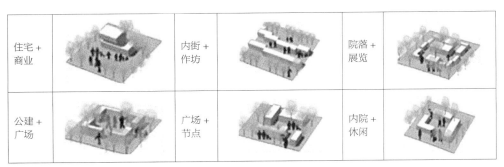

住宅 + 商业		内街 + 作坊		院落 + 展览	
公建 + 广场		广场 + 节点		内院 + 休闲	

图 5-63　空间叠加式更新设计
（图片来源：参考文献 [51]）

（2）拼贴——传统格局与当代秩序的碰撞（图5-64）

①合理组织幼儿园入口，保证活动场地。

②保留传统街巷，置入文化节点。

③保留古树古屋，打造纪念性广场。

④整改废弃空地，打造游客中心。

⑤梳理交通流线，整改景观河道，打造村口形象。

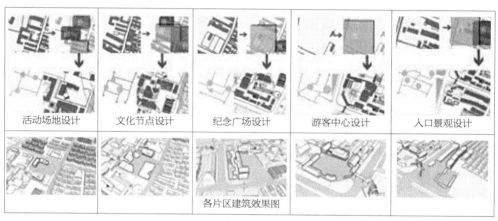

图5-64　空间拼贴式更新设计
（图片来源：参考文献[51]）

（3）延展——生活空间与产居融合的外延

①预测村庄未来人口及旅游增长，优化居住空间。

②就近组织生产生活空间，提升村民居住环境（图5-65）。

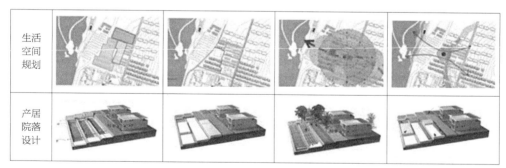

图5-65　空间延展式更新设计
（图片来源：参考文献[51]）

2）协调三生空间，盘活文旅经济

（1）自然生态的多方位保育

生态保护优先。保护生态本底，针对贫瘠山体进行退耕还林、基质改良和山体复绿，因山而异进行山体修复和防风林建设，活化山体功能和防御属性，滨海岸线及河道地带进行水系治理，退养还礁，恢复生态岸线，打造滨水生态活力带，共同提升乡村生态环境品质（图 5-66）。

a. 大台子休闲游憩设计　　　b. 水广场设计　　　c. 游船码头设计　　　d. 观景平台设计

图 5-66　自然生态培育更新设计
（图片来源：参考文献 [51]）

（2）生产生活的多样化管护

以疏通生产生活路径为基础，形成灵活有序的街道界面。以保留原始乡土景观为根本，进行有效的乡土场景管护，并合理添加景观节点，形成纵横网络联系（图 5-67）。

a. 疏通路径　　　b. 丰富界面　　　c. 乡土保护　　　d. 景观配置　　　e. 纵横关联

图 5-67　生产生活管护更新
（图片来源：参考文献 [51]）

（3）文旅空间的多元化建设

对文旅集中点进行多元化的空间设计，形成资源的优势整合。如注入广场、街角公园、民宿、商业街、农家乐、体验服务区等功能空间，以满足各类人群对当代旅游服务的需求（图 5-68）。

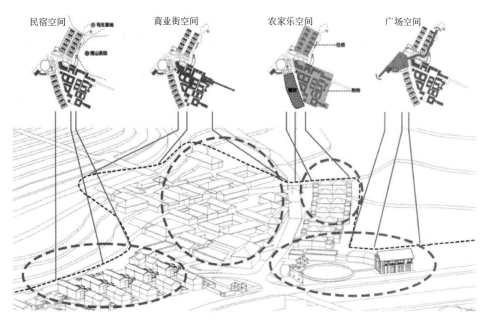

图 5-68 文旅空间更新设计

（图片来源：参考文献 [51]）

5.3 海岛型乡村

　　我国作为一个海洋大国，拥有近 300 万 km² 的海洋国土面积，海岛数目达 1.1 万余个，面积在 500m² 以上的岛屿 7372 个，总面积 72800km²，岛屿岸线长 14217.8km（图 5-69）。其中有人居住的岛屿为 450 个，不同气候不同地域孕育出多样的海岛乡村，成为我国传统聚落的重要组成部分。海岛居民多以渔业、种植业为生，形成了多种多样的海洋文化和民风风俗。

图 5-69 海岛分布图数量百分比

（图片来源：国家海洋局）

5.3.1 生态涵养——斋堂岛村

　　海岛型乡村与陆地村落相比往往拥有得天独厚的自然景观本底，但资源环境承载力有限，生态环境更加脆弱敏感。基于生态涵养的乡村保护与提升规划设计，要加强生态保护力度，维护海岛生物多样性，加强生态修复，切实保护海岛及其周边海域生态环境。要在海岛资源环境承载能力范围内，改善人居环境，提升公共服务水平，推动绿色发展，促进人与自然和谐共生的良好局面。坚持突出特色，依托海岛自然资源禀赋，梳理挖掘乡村文化基因，传承历史和民俗文化，因岛制宜，保持特色风貌，发展特色产业，促进海岛型乡村生态涵养、文化保护及产业升级的融合发展。

5.3.1.1　斋堂岛村基本情况

斋堂岛位于山东省青岛市黄岛区东南部海域中，与琅琊台隔海相望，面积约 0.46km^2，岸线周长约 5.18km。处北温带季风区域，受东南季风及海流、水团的影响，具有显著的海洋性气候特点。空气湿润，雨量充沛，温度适中，四季分明。据《胶南县志》记载，斋堂岛原分为南、中、北三岛。1987 年，岛上居民修筑人工堤岸和道路使得岛屿相连。北岛海拔 27m，因地势平坦，村落主要集中在此。南岛有两座山脉，地表主要覆盖有密林、礁石。岛上村民大多从事海洋捕捞、海水养殖、水产品加工生产等工作。

斋堂岛距离琅琊台风景名胜区 1.7km，村落的历史文化基因的形成与发展深受琅琊文化影响。据清乾隆版《诸城县志》记载，因岛上传说有"始皇登琅琊时，侍者斋戒在此"的古斋堂而得名。地理空间上斋堂岛和灵山岛在茫茫碧海之上分列琅琊台东西两侧，构成夹角 55° 的三角区为琅琊古观象台观测日出、划分节气提供了极好的坐标。

斋堂岛作为离岸型海岛，唯一的登岛方式是由琅琊港乘坐渡船经斋堂水道上岛。斋堂水道是南黄海重要的航道，自元代起海运粮船皆停泊在岛西北的岸滩。海岛上分布着战壕、碉堡、灯塔、军事防空洞等近代人文景观。

5.3.1.2　斋堂岛村生态格局研究

1）斋堂岛村的离岸海岛地形

斋堂岛位于山东省青岛市黄岛区琅琊镇东部黄海中，属于典型的离岸海岛地貌。整体分为中岛、南岛与北岛，中间以人工砌筑堤坝相连，整体地势南高北低，南岛山地起伏，其山体为最高点，整体向北逐渐降低。岛屿整体呈狭长形，由于海岛空间的不可延伸性，可利用建设的空间有限，海岛仅有一处聚落，即为斋堂岛村。斋堂岛村坐落于海岛北侧地势平坦之处，仅部分分布于南北两岛的连接坝上，乡村与山为邻，依山面海，该岛山体走势较缓，山峰海拔最高处 69.6m，山林茂盛，姿态优美；海岛南侧的山体不仅为村落提供了优美的自然景观，也是阻挡冷风的天然屏障，村落周边环绕农田、防风林，形成了以村、田、林、岸、海、山为主的景观格局，像一幅优美的画卷缓缓展开（图 5-70）。

图 5-70　斋堂岛村景观格局

斋堂岛村虽然有超长的海岸线和优美的自然风貌，但闭合型边界效应使其成为独立型的聚落空间，自建村以来便以渔业为主。近些年，产业单一、出行困难、基础设施和服务设施落后等问题导致了斋堂岛人口不断流失，乡村日渐衰败。

2）斋堂岛村的景观格局分析

（1）数据处理

研究通过实地走访调查与高精度卫星影像相结合，首先利用 Bigemap 获取村落遥感影像图，将遥感影像导入 ArcGIS 进行栅格化处理，转换为 tif 格式后采用 maximum likelihood classification（最大似然分类）对影像进行监督分类，采用边界清理工具做平滑处理，然后消除集聚像元个数小于 5 个像元的独立区域，与目视解译结合绘制岛屿土地利用类型分类图像。将矢量数据进行栅格化处理，输出像元大小为 2，导入 Fragstats4.2 景观格局分析软件中，运用移动窗口法计算出景观格局指数，根据岛屿面积挑选适宜窗口大小计算岛屿景观水平指标，从景观整体角度分析岛屿，掌握岛屿总体特征。将计算结果导入 Excel 中对景观指数进行提取和分析，实现对海岛典型村落地面覆盖景观格局的总体特征进行客观的计量分析和评价。

（2）遥感影像分类

据我国《土地利用现状分类》GB/T 21010-2017，将我国土地利用现状分为一级、二级两个层次的分类体系，共分为 12 个一级类，73 个二级类。根据胶东地区海岛样本村落的实际情况，将研究范围内的土地分为林地、耕地、建设用地、交通用地、水库坑塘、未利用地六个土地利用类型，因乡村建设用地使用类型、使用边界不明确，故将商服用地、工矿仓储用地、住宅用地、公共管理与公共服务用地及特殊用地统一划分在建设用地类。由于海岛的特殊性，用地分类时将海岛沿岸无法利用的沿岸礁石、裸土地、裸岩石砾地都归类为其他用地，这项数据对海岛的整体景观格局并无影响，在后续的分析将排除这一类。并根据海岛的独特特征增加养殖区与沙滩，以上八个土地利用类型基本与《土地利用现状分类》保持一致，具体名称稍有不同，或为《土地利用现状分类》中一级体系中的二级类型之一。

（3）景观格局分析

①斑块类型水平分析

一个景观类型占整个景观面积的比例，在相对意义上给出了每个景观类型对整体景观的贡献率。从表 5-21 看出，林地与建设用地面积分布最大，为村落的主要景观基质，其余景观类型的斑块面积都比较小。具体而言，斋堂岛村斑块面积最大的是林地（以下分析均排除其他用地），占景观总面积的 30.086%，贡献率最高；其次是建设用地，占据景观总面积的 13.219%；接下来依次为养殖区、交通用地、耕地、沙滩、水域坑塘，各占景观总面积的 8.997%~0.097%。

建设用地及交通用地斑块面积较小，斑块数量较多，斑块密度较大，说明建设用地与交通用地斑块破碎化程度较大，受人为干扰也相对较大；斋堂岛村林地的平均斑块面积与最大斑块指数最大，说明林地为优势斑块，且斑块分布较为集中；养殖区的斑块数量为 13，平均斑块面积较大，说明养殖区分布紧密，破碎度较小，也从侧面说明养殖区对潮间带基岩海岸的侵蚀严重；交通用地的景观形状指数（LSI）最大，且周长维度（PAFR–AC）值最大，表明斑块形状最为复杂且不规则；耕地与林地都体现了较高的聚集度（AI），水域坑塘仅一块用地，斑块相对集中因此聚集度最高，林地成片集中分布于岛内南侧山体与东北角，因此聚集度也相对较高；除交通用地聚集度稍低外，其余用地的聚集度相近，这与斋堂岛村是典型的海岛型乡村有关，有限的空间让各类用地聚集程度更高。

斋堂岛村斑块类型水平指数 表 5-21

景观指数	数量		面积			形状			聚集度
	CA	PLAND	NP	PD	LPI	AREA_MN	LSI	PAFR–AC	AI
耕地	1.515	1.586	2.000	2.094	1.390	0.758	2.540	N/A	93.374
林地	28.740	30.086	21.000	21.983	17.461	1.369	5.577	1.264	95.680
建设用地	12.628	13.219	29.000	30.358	6.383	0.435	7.839	1.305	90.180
水域坑塘	0.093	0.097	1.000	1.047	0.097	0.093	1.077	N/A	98.361
养殖区	8.595	8.997	13.000	13.609	2.423	0.661	5.415	1.455	92.291
沙滩	0.945	0.989	4.000	4.187	0.728	0.236	3.077	N/A	88.703
交通用地	4.410	4.617	70.000	73.277	4.211	0.063	15.512	1.712	64.605
其他用地	38.603	40.410	40.000	41.873	28.811	0.965	11.446	1.400	91.509

②景观类型水平分析

选择 6 个景观指数反映斋堂岛村整体景观水平。从表 5-22 可知，在整体景观水平上，香农均匀度指数（SHEI）值较小，为 0.592，表明各类斑块类型不是均匀分布，说明村落景观优势度较高，即斋堂岛村景观受到优势斑块的影响；香农多样性指数（SHDI）值为 1.472，景观的异质性较低，说明斋堂岛村景观中斑块类型丰富，大部分的斑块类型在景观中呈均衡化趋势分布；景观聚集度指数为 91.425，说明整体景观斑块连通性较好，斑块分布集中；蔓延度指数为 55.538，说明村落中景观类型中斑块的聚集程度较高；最大斑块指数为 28.811，说明村落中景观中有优势斑块的存在。

斋堂岛村整体景观水平指数 表 5-22

LPI（最大斑块指数）	AREA_MN（平均斑块面积）	CONTAG（蔓延度指数）	SHDI（香农多样性指数）	SHEI（香农均匀度指数）	AI（景观聚集度指数）
17.461	0.531	55.538	1.472	0.592	91.425

5.3.1.3　文化基因识别

1）外显基因分析——生产生活方式

（1）组团集约的村庄肌理与朴素的建筑风格

为了最大程度地利用平坦的海岛腹地，斋堂岛的乡村聚落规整，秩序感强，聚集度高。目前的乡村建筑均是 20 世纪 80 年代后期集中建设，采用红色屋顶，建筑墙面腰线以下为海岛本土石材，腰线以上为红砖砌筑。建筑风格粗犷原始，错落叠加的石墙肌理成为海岛村落的一道独特风景（图 5-71）。

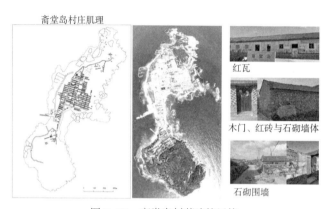

图 5-71　斋堂岛村落建筑风格

（2）渔业发展为主的海岛产业

斋堂岛狭长的地形相对受海洋的影响较大，对海洋依赖性强，岛内腹地狭小，缺少耕地，无法形成规模以上的农业种植业，因此斋堂岛的主导产业以海水养殖和渔业捕捞为主。斋堂岛的海水养殖利用礁石、海湾等近海土地与海洋资源，砌筑硬质养殖池以及在海岛周围面积 1km² 的浅海域养殖，斋堂岛村海水养殖品种主要有刺参、皱纹盘鲍、石菜花等经济型水产。渔业产业的发展使斋堂岛形成了独特的海产品捕捞与加工方式，如将陶罐编织于渔网上捕获海蛸，将晾晒后的鱼干放入形似舂米器具的石槽内研磨加工成鱼粉。

斋堂岛村目前的产业以渔业为主。随着媒体的宣传和上位政策指引，斋堂岛凭借优美的自然风貌与丰富的海洋物产受到了游客与大量海钓爱好者的青睐。海岛逐步增加了第三产业，部分渔民发展旅游业，将建筑进行改造，形成渔家民宿（表 5-23、图 5-72）。

斋堂岛渔业产业构成要素　　　　　　　　　　　表 5-23

类别	场地	生产工具	产品	辅助设施
围塘养殖	沿岸礁石、海湾	养殖池	刺参、皱纹盘鲍、石菜花	灯塔、堤岸
浅海养殖	浅海海洋牧场	养殖网箱	对虾、毛虾、鹰爪虾、梭子蟹	
深海捕捞	远海、码头	渔船、渔网	带鱼、鲅鱼、银鲳、真鲷等	
手工技艺	船厂、晒场	渔网编织、渔船制造	渔船、渔网、各类虾蟹笼	

图 5-72　斋堂岛渔业生产要素

（3）深受神话传说与海洋信仰影响的历史遗迹

斋堂岛村因地理因素深受琅琊文化影响，形成了独特的乡村文化基因。琅琊文化是由齐文化、越文化、秦文化、方士文化融合形成的地域文化，属东夷文化的范畴。海上三神山、徐福传说、秦始皇东巡等传说都与斋堂岛有着千丝万缕的联系。海岛上分布着南北天门、洞天仙境等极具求仙色彩的景观遗址，还有静海塔、海神像等表达海洋信仰的历史遗迹（图 5-73）。

图 5-73　琅琊文化遗迹

2）内隐基因分析

斋堂岛独特的地理地貌以及出海捕捞等生产模式使得村民形成了敬畏自然、敬畏海洋的潜在意识形态。村民将海神视为出海劳作的保护神，海神信仰成为村民重要的情感及精神寄托。

5.3.1.4　基于生态涵养与基因共生的斋堂岛村提升设计

随着乡村的扩张，开垦耕地占领林地，导致部分海岛林地破碎度提高，空间异质性变大，景观结构趋向混乱。林地面积的减少，不但威胁着农作物、防护林等植物群落，也威胁着部分动物栖息地，原有的景观生态格局正在遭到破坏。同时随着渔业生产的发展，海陆交错带受海水养殖影响较大，基岩岸滩出现了较为严重的退化。

除此之外，村落交通不便，基础设施建设较为落后，供水供电完全靠陆地铺设海底管道供给，能源通信设施、环卫设施、交通设施尚有不足。与渔业生产交易配套的码头、维修船厂、渔业深加工厂等均较为落后。海岛上宗祠神庙等大部分文物古迹孤立存在，缺乏系统的保护措施，民间神话传说缺乏记录整理。通过对不同用地性质占比的梳理，岛上的文化空间占比极小，文化感知度较低，文化基因资源正在快速流失。基于此，展开基于生态涵养与基因共生的斋堂岛提升策略研究。

1）生态涵养与斋堂岛村生态景观体系提升设计

（1）保持斑块完整，实现生态价值

以山林为根本，保持斑块完整，综合考虑场地的生态敏感度。植树造林，涵养水土，保护岛内自然资源及环境敏感区，控制道路、建筑红线。在薄弱地带通过建设海岸生态廊道、构建人工生态系统等生态化修复工程，改善海岸生态载体条件，增强岸滩的稳定性、提升海岸生态功能。采取退养还滩、生态护岸等措施，防止生态系统的进一步破碎和退化，对退化严重的沙石岸滩采取植物根系固沙重构沙滩平衡，对侵蚀、破损的基岩岸线进行生态修复，沿岸实施多层次防护林带，增强海岛灾害防御能力，提升海岛整体环境支撑力（图5-74）。

（2）多尺度的适应性防风防灾景观体系

斋堂岛地形南高北低，且周边没有高大山地遮挡，岛上风力较大，村庄常受风灾等的侵害。应构建多层面的防风防灾景观体系。

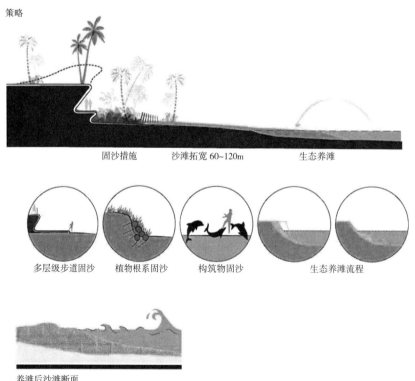

图5-74　海岸修复策略

首先，区域层面的防风策略是在环岛区域种植大面积防风林，为抵御东北季风，海岛北部的防风林带应比南侧扩宽。同时考虑到环岛为基岩岸滩类型，因此在树种的选择上以耐干旱、耐盐碱的木麻黄（Casuarina equisetifolia）为主，同时大量补植原生树种。其次，沿聚落边缘种植防风林，防风林的形态以圈层结构将聚居地包围。

（3）乡村景观体系优化

严格保护村内坡度 25°以上的林地，封山育林，逐步恢复天然林植被。因地制宜，形成多树种、多层次、乔灌藤草相结合的较完整的乡村植物群落。拆除现有废弃房屋和部分临时性建筑，整合村落空间，统一整治村落环境，见缝插绿，在原有绿地体系基础上，通过保留现有菜地、增加庭院绿化等方式在村落中整体提升绿化景观系统（图 5-75）。结合道路体系的梳理与完善，打造乡村绿道系统（图 5-76）。

2）基因共生——文化基因的修复与植入

（1）修复文化载体，传承海岛特色

梳理岛内现有文化资源，结合周边文化脉络，形成山海文化辐射圈，构建斋堂岛乡村文化景观特色的网络体系（图 5-77）。保护历史风貌建筑、空间肌理和景观格局，传承具有地方特色的建筑符号、材质、结构。充分利用村内闲置空间增加公共设施，激活公共文化活动场所（图 5-78）。

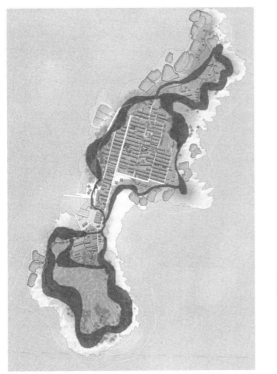

■ 平面绿化体系
■ 拆除建筑

图 5-75　乡村景观优化示意图

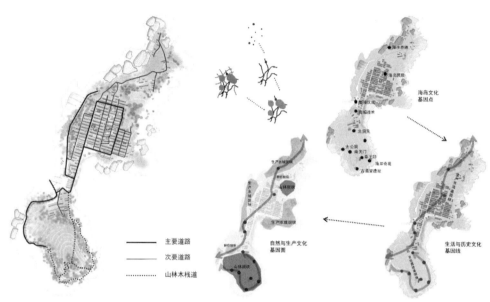

图 5-76 斋堂岛道路体系图   图 5-77 斋堂岛乡村文化景观网络构成

主要道路
次要道路
山林木栈道

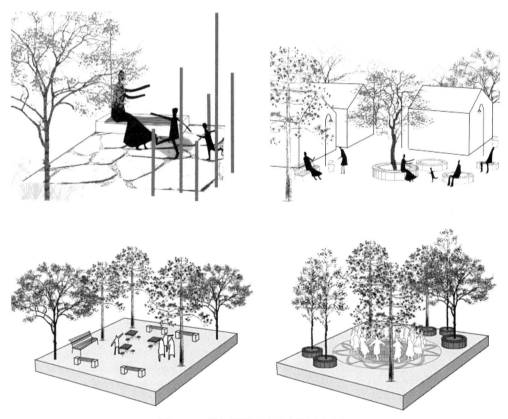

图 5-78 增加邻里活动及公共活动空间

（2）拓展生产模式，更新配套设施

结合渔业生产，更新码头、船厂、海岛广场等配套设施，展示海岛生产、生活过程中的文化基因特色。拓展原有船厂的功能，使其成为"渔业生产文化"的景观载体。结合码头更新，打造海岛市集，使其成为乡村"饮食文化"和"手工技艺"的景观展示平台（图5-79、图5-80）。

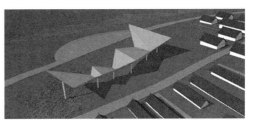

图 5-79　斋堂岛村船厂改造　　　　　　　图 5-80　斋堂岛村海岛市集

（3）植入多元节点，活化内隐基因

对海岛内隐性文化基因进行梳理，依托海洋文化、海洋信仰、民间信仰等，植入新的文化节点，结合文化展示、节庆演出、技能培训、生产加工、社会服务、学术研究等构成完整的海岛文化基因活化体系（图5-81）。如打造民俗文化小礼堂，承载"节日庆典""民俗文化""信仰文化""宗族文化"等主题活动。再如策划历史遗迹主题游览路线，串联"北洞天""南天门""古斋堂遗址""太公洞"等景观遗址（图5-82），以琅琊文化为线索，活化本土文化基因。

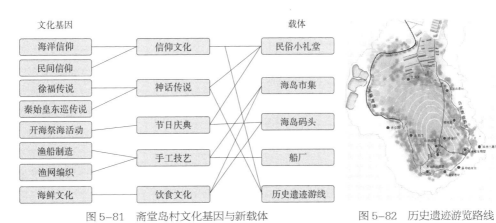

图 5-81　斋堂岛村文化基因与新载体　　　　图 5-82　历史遗迹游览路线

5.3.2　史景通融——马埠崖村

除却海岛地理位置孤立、空间承载力有限、生态环境脆弱等特质，海岛特定的"文化"经过长期的历史演变，逐渐形成地方"文化积淀"，独特的文化景观成为对特定的历史文化

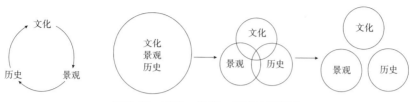

图 5-83　文化 – 景观 – 历史三元格局

在特定的政治、经济体系运作下的真实历史记录（图 5-83）。

　　既重视"史"的保护又强调"景"的融合。通过对海岛聚落本体物质空间、景观格局以及非物质文化遗产等的研究，适应时代新需求，传承生产和生活模式，保护与活化乡村文化基因资源，促进史景融合的海岛型乡村的可持续发展。

5.3.2.1　马埠崖村的基本情况

　　马埠崖村位于威海市养马岛，养马岛在烟台东 30km，牟平北 9km 的黄海之中，总面积约 10km²。岛上四面环海，水域广阔，通过跨海大桥与烟台牟平区相连；水陆通过沿岸西港、东港、秦风崖码头与威海、大连等环渤海城市相连，交通可达性较好。养马岛是国家 4A 级旅游景区、山东省"十佳旅游景区"，岛内现有八个古村落，马埠崖村便是其中最具代表性的一例。养马岛的古村落孕育于山海之间，展现着一派古老质朴的自然村落景象。虽然自然及人文资源优越，但据第四章村民调研显示该村的感知评价指数一般，所以选择马埠崖村作为本次海岛型乡村保护与发展规划研究的实践对象之一（表 5-24）。

养马岛乡村现状分析　　　　　　　　　　　　　　　　　　　　　　　表 5-24

村落	面积/亩	建村时间	特色景点	旅游发展现状
杨家庄村	253.7	明	海上体验基地项目	是集游客登船后亲自拔鱼笼、收获扇贝、海上垂钓、观看潜水员现场潜水捞海的参与性项目于一体的海上游乐项目。
黄家庄村	276	清初	"海岸线一号"咖啡厅	集咖啡休闲、文化展示于一体的项目，也是 2016 年度假区着力深层打造礁石滩公园"国民旅游"休闲景点，提升景区文化内涵的首期工程。
中原村	353	明	休闲一条街	街道两边布满绿草鲜花，建有凉棚供游客休闲娱乐。
张家庄村	276	明	韵海起海乐园	每逢退潮时，游客亲自下海，抓蟹捕鱼，捡拾各种贝壳。
洪口村	427	明	海鲜购货一条街	村南临海的海前路路边建起海鲜购货一条街摊位 30 余个，供岛上渔民零售。
驼子村	253	明初	"区级生态文明村"	投资 30 余万元完成村内各项建设，村委还建立了专门的村内环境维护专业示范队伍，负责村内环境卫生清扫、绿化管理和路灯等公用设施的维护。
马埠崖村	486	明	"渔家乐"一条街	经营者为游客提供餐饮和食宿，各家经营者守法、有序、文明经营。
孙家疃村	535	明末	悦岛杏花里休闲园	立足礁石滩公园游客休闲场所打造的集"餐饮、住宿、休闲、游玩"等为一体的休闲度假旅游景点项目。

5.3.2.2 文化基因识别

（1）外显性基因

不同乡村有着不同的经济、社会和人文特征，由此导致历史遗产、海洋空间以及传统民居等呈现明显的差异性，正是这种差异形成了马埠崖村丰富的外显性文化基因（表5-25）。

外显性基因 表5-25

历史遗产	岛上现存的自然景观和神话传说遗址。曾建立赛马场、天然大型海水浴场等，然而随着旅游的发展，养马岛开始出现服务设施跟不上旅游业发展的问题。
海洋空间	养马岛北侧多石崖礁滩，地势陡峭，海岸线曲折。南侧相对平缓，沙滩、泥滩错落其间，养马岛的"一岛三滩"之誉由此而来。前海地区水浅滩阔，是河口、滨海湿地的典型代表，生物资源和景观资源相对丰富。
传统民居	岛上民居色彩多偏重黑色，因为黑色代表水，这种色彩的倾向明显地体现了对海的崇尚。除了黑色，村民们偏重冷色调，崇尚自然厚重。建筑多体现材料的本质和本色，以砖石本色为主，主要色彩包括青灰、白色和石材的浅棕色等。养马岛上民居建筑装饰总体较少，只在屋脊、照壁、博风砖等重点部位有很精美的砖雕装饰和瓦饰，装饰内容上暗八仙的广泛运用体现了海岛渔家的风貌。

（2）内隐性基因

与此同时，马埠崖村的内隐性文化基因也丰富多样，独具特色，现从马文化、渔文化以及民风民俗等角度进行梳理（表5-26）。

内隐性基因 表5-26

马文化	历代方志对秦始皇东巡路过牟平时有关传说的记载。相传秦始皇东巡途经此地，遂封为皇家养马岛，现已被列为烟台非物质文化遗产。养马岛又是一个海运枢纽，在此地暂时养马，陆续分流运往内地也极有可能。
渔文化	岛上依托渔业出现了一批有特色的"渔家乐"，在开发改造的过程中也对景观空间进行了新的重塑。
民风民俗	村内流传着胡三太爷、土地公、龙王等一系列神话传说，都是马埠崖村的文化历史。村民靠海为生因此信奉海神和龙王，村内现遗留龙王庙以纪念龙王，每逢出海烧香祈福，祈求平安是当地渔民必做的事情。此外每到谷雨或农历二十三，人们会举行庙会，祈祷来年风调雨顺，庄稼丰收。

5.3.2.3 文化基因感知评价分析

历史景观意义的增加由体验者所感知到的当地文化性的强弱决定。对于感知者而言，理想状态的文化体验是一个既有日常生活的部分内容作为舒适区，又因为强烈的地方性而与过去的感知经验完全相异的意义感知状态。而在实际的文化体验中，这种地方性的感知程度往往未能支撑其实现理想状态下的意义增量，且不可避免地与过去的旅游经验有所重叠。当叠加感觉较强且感知到的非本地文化性又较突出时，便会出现感知意义的下降。因此，在文化基因感知过程中会由于感知的地方性强弱存在不同程度的差异，影响感知者对乡村文化基因体验的整体质量。

所以基于第4章已得出的评价模型继续对马埠崖村进行感知评价收集，为了保证问卷收集数据的准确性、客观性和全面性，选择工作日、节假日对马埠崖村进行多次调研，采用一对一随机抽样的方式对村民进行问卷调研，共发放 200 份，收回问卷 193 份。对问卷数据进行整理并计算得到 14 项变量的评价与均值数据，最终计算出评价得分（表 5-27）。

变量满意度　　　　　　　　　　　　　　表 5-27

变量	满意度总和	满意度均值
古建筑	950	4.92
传统民居	910	4.72
乡土材料	650	3.37
植物生态	850	4.40
地质地貌	530	2.75
海洋空间	1020	5.28
神话传说	160	0.83
生产生活方式	630	3.26
传承技艺	600	3.11
村落起源	100	1.92
宗族色彩	350	1.81
红色文化	590	3.06
节庆活动	360	1.87
美食文化	290	1.50

由表 5-27 中分析研究，将 14 个景观感知变量的平均分按分值由高到低依次进行排序，为海洋空间感知、古建筑感知、传统民居感知、植物生态感知、乡土材料感知、生产生活方式感知、红色文化感知、传承技艺感知、地质地貌感知、村落起源感知、节庆活动感知、宗族色彩感知、美食文化感知、神话传说感知以及村落起源感知（表 5-28）。

现状价值评估　　　　　　　　　　　　　　表 5-28

主要问题	原因	现状
生态风险	农田侵占以及村内绿化设施的不完善	1. 自然生境的退化 2. 农村生态用地的减少
景观意识薄弱	城市以及新农村建设的误区导致在建设的过程中对乡村景观产生了侵占	对乡村景观建设工作认识不足导致建设迟缓
建筑肌理面临断裂	现代建筑的入侵，乡村建筑文化缺失	1. 缺乏有效的保护措施 2. 资金短缺导致修复或保护延缓
风俗文化消失	城镇化背景下的过度开发以及缺乏保护	1. 现代文化与传统文化的不协调 2. 趋同现象严重，乡土风貌丧失

（1）无序开发，生态环境破坏

养马岛拥有"海、村、山、滩、泉"等丰富的旅游资源，早在 20 世纪 80 年代便成为全国旅游热点。岛上后海片区有省级地质公园、国家二三级公益林地等重要生态空间。但养马岛整体发展建设始终不温不火，且出现了诸多零散的侵占生态用地的现象，对岛上的生态环境和景观风貌造成了严重的破坏。其中的马埠崖村多年来也趋于无序开发状态（图 5-84）。

图 5-84　民居现状图

（2）产业单一，基础服务设施老化

马埠崖村的基础服务设施大多在 20 世纪八九十年代建成，服务设施老化缺乏后期修缮。道路交通设施、公共环卫设施建设不足，拉低了感知评价的整体评分。渔家乐等休闲渔业产业分散经营，规模小缺乏统筹规划管理，且旅游产业发展受制于服务意识、技能不高，旅游体验评价分数不高。

（3）文化衰落，地域认同感不强

马埠崖村虽然文化基因丰富，但是缺乏系统保护和传承，地域认同感评分较低，民俗信仰等传承度低，马文化、海洋文化等正在逐渐消失，造成了大众对马埠崖村文化认同感评分很低。

5.3.2.4　基于史景通融的马埠崖村保护与发展策略

1）景观化凝视

时间与空间两个轴心促成了体验者实现对本土生活的景观化凝视。空间，集中在地方性；时间，集中在日常性。

（1）强化时间感知，聚积景观凝视

时间的日常性与日常生活循环往复的时间特征相联系，是当地居民的日常生活不断叠加和延续的结果。承载着当地历史记忆的日常性事物由于具有时间上的厚度被体验者赋予特殊的意义和情感，依赖这些具体事物来体验无形的历史时间，实现对日常性事物的景观化凝视（图 5-85）。

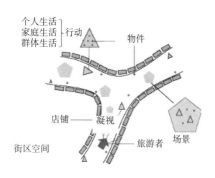

图 5-85　地方性空间体验的情境
（图片来源：参考文献 [53]）

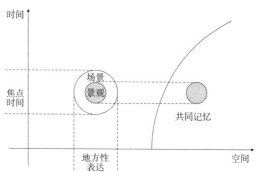

图 5-86　时间感知景观凝视图

（2）重塑本土场景，强化符号边界

历史文化根植于地方的地脉与文脉之中，与地方紧密相连，具有特殊性。地方性空间由空间组织、场景组织和行动组织共同呈现出来。空间一方面是当地地方性的重要物质载体，形塑着本土场景和行动；另一方面将异质的观赏空间区隔开，强化着符号边界（图5-86）。

（3）积聚时间沉淀，强化感知空间

地方性空间与日常性时间熔铸成惯常性时空。对于当地居民来讲习以为常的物和事正是文化体验的重要组成部分；而对于旅游者来讲则是迈入了当地居民所处的惯常时空，并在居民的惯常环境中获得了非惯常的体验。

历史文化景观特质建立在时间和空间的坐标轴中，在时间上它是历史上某一时间段的生活内容在当下的沉淀，在空间上则表现出地方性特征。特质历史文化能否成为景观，取决于当下历史文化感知的体验意义较之过去经验意义的增量（图5-87）。

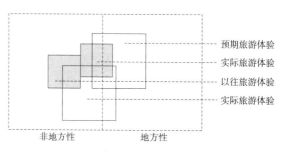

图 5-87　历史文化景观化凝视体验的形成

2）历史景观锚固

（1）文化基因传承

对乡村的文化遗址、文化基因进行重新地梳理、挖掘、锚固，突出独特的地方文化和精神，继承、发展以及再现地域文化风貌（图5-88、图5-89）。

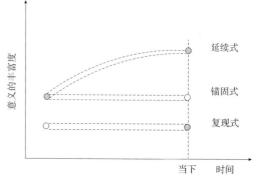

图 5-88　景观锚固示意图
（图片来源：参考文献 [53]）

（2）文化基因活化

结合新材料、新形式、新景观，基于乡村的历史文化特征展开乡村更新改造。在整合新的时代诉求的基础上恢复历史景观特定的文化价值，在采用现代技术手段和材料工法的基础上挖掘历史背景，实现文化与乡村之间的新碰撞，使人们在游览的过程中体验到历史文化基因的魅力，使文化基因在乡村景观复兴中得以进一步继承和延续。

3）史景通融——凝视与锚固

以村庄历史文脉为发展线索，通过景观凝视与历史锚固重塑马埠崖村整体村庄形象。综合乡村现有的自然及人文资源，综合生态、季相、空间、文化，改造乡村绿地景观及院落景观，将乡村景观结构和景观节点统筹更新设计，联动乡村文化节点，串联街巷空间，形成文化景观线性联动。保护与修复历史文化遗迹，对村内具有百年历史的龙王庙进行修缮（图5-90、图5-91）。

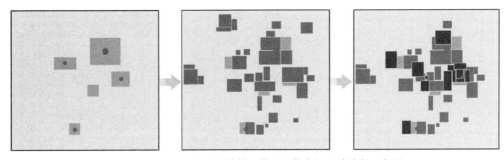

图 5-89　由锚固点到多核锚固的层积化空间形成阶段示意图
（图片来源：参考文献 [54]）

①游憩小道；②中心广场；③团体住宿区；④采摘园；⑤特色美食餐厅；⑥村委会；⑦民俗餐厅；⑧乡村集市；⑨沙滩区；⑩民俗广场；⑪服务中心；⑫村史馆；⑬滨海广场；⑭民宿区；⑮垂钓台；⑯滨海大道；⑰滨海栈道；⑱古树广场；⑲停车场

图 5-90　街巷整合图

图 5-91 龙王庙改造示意图

结　语

　　综上所述，乡村空间既具有历时性又具有共时性。乡村的迭代发展不仅是一种经济现象或乡村景观演变现象，更是作为一种新兴的文化景观类型，反映当前时代人类与自然环境共同完成的进化历程。乡村的规划建设是对多种资源价值进行权衡的取舍过程，离不开对各利益相关者意愿与诉求的关注。基于文化基因的乡村保护与发展规划和科学的公众感知研究作为决定乡村物质与非物质形态可持续发展的关键要素，会对乡村人地关系和谐、产业结构布局、文化功能拓展及多元素融合发展产生重要影响。

　　山－海－村－田等相关要素互相依托构成了山东滨海乡村特定的空间场所关系，引发了一系列的生产生活行为，进而形成了乡村独具特色的文化基因体系，是乡村能够产生情感共鸣的重要原因。良好的乡村生态环境基底、文明管理下清洁优美的环境、布局合理的基础服务设施、科学规划的滨海休闲空间、特色化的人文场所是乡村规划建设中应做重点考虑的因素。通过研究发现，目前乡村发展主要面临4个方面的问题：①乡村服务设施及基础设施缺乏科学规划，功能不足，使用不便。②乡村内部道路与各景点联系差，缺乏标识系统，缺乏游憩与驻留空间。③乡村历史文化展示空间小，人文资源开发深度浅，同质化现象明显。④存在以"硬化"方式来实现乡村面貌快速"美化"的现象，乡村内部绿色空间、街道及宅前景观品质欠佳。

　　基于文化基因研究，理清山东滨海乡村发展与规划设计实践的功能需求与建设尺度，结合地域性和时代性的双重视角，契合乡村本身的自然生态环境和历史文化氛围，挖掘乡村本身固有的文化景观价值，使有限的人力、物力发挥更大的效益，更好的促进山东滨海乡村空间布局、功能分区、产业结构和人地关系的优化与可持续发展。基于此，提出以下建议。

　　第一，调控基础服务设施布局，优化乡村空间品质。结合乡村现代生活方式普及与乡村产业发展的复合导向，合理配置乡村基础设施与服务设施。系统研究乡村的习俗、风情、建筑、农耕、饮食等丰富多样的乡土文化基因，打造真实、原生态的，深刻表征地域文化特质的空间场所。结合山东滨海乡村紧凑型的聚落空间结构，促进乡村服务设施布局的完善。优化海岸、码头等滨海空间的功能布局与景观品质，在保护原有资源的基础上通过规划引导形成集教育性、娱乐性、生产性及经济性于一体的滨海休闲带。

　　第二，串联人文景观节点，活化乡村特色文化。突破表象层面的静态保护，活化既有历史人文资源。分析历史文脉影响下山东滨海乡村系统的发展演变过程，对传统聚落建筑、寺庙、码头以及渔业生产所需的船坞等散点状的文化景观节点进行梳理与串联，打造层次丰富的文化风物廊道，形成独特的人文特色网络，营造可品味、可参与、可互动、可触摸的人文感知氛围。分析当地的渔村风貌、院落空间、传统材料与工法谱系的特点，对聚落民居的更新与改造进行分类设计引导，用"以点带线、以线带面、适度介入"的方式，通过核心节点聚落序列的打造，促进风貌组团的完善，进而耦合扩展到全村风貌意向优化，以调和风貌杂陈的现状，引导乡土风貌的复兴，实现历史文脉的活化与传承。

第三，依托自然山水格局，强化景观系统链接。通过自然生境与人工景观的链接与融合，修复乡村生态网络，优化田园游憩环境。依托山东滨海乡村的自然资源优势，保护村庄周围山、水、林、田等生态要素，遵循山谷、冲沟、丘陵等原生地貌特征，强化生态交错带指状、楔状等绿带及绿心的边缘效应；整治斑驳杂乱的河道，恢复漫滩、生态水岸等缓冲空间，修复水生、湿生植被及滨水过渡带的生境。在乡村内部"见缝插绿"，结合村内条件较好的小型绿地，增补乡村绿色空间，打造绿色廊道，修补、链接破碎化的乡村绿地系统，植入适量的景观游憩设施，结合低影响开发、微气候环境改善等生态化的设计手段与技术，提升乡村绿色公共空间品质与生态友好性。

第四，提高乡村交通便通性，优化慢行体系舒适度。针对乡村道路老旧、残缺、坡度过大等现象，以规划设计为引导，逐步疏通弥补乡村街巷"毛细血管"，统筹布局停车场，重视乡村街道网络与外部高等级道路的衔接问题。重视乡村慢行系统的营造，结合公共开放空间体系，形成互联互通、融于山海、独具风情的乡村慢行路径。结合原有聚落空间特点，对乡村内部的空余场地、边角空间等进行系统梳理，形成小而密的"网络+节点"式的乡村公共开放空间模式，适度植入集聚驻留、休憩交流、展演互动等触媒空间，丰富"看""听""玩""游""憩"多层次的乡村感知体验。

乡村振兴战略背景下山东滨海乡村正在快速迭代发展，本书针对当前乡村开发建设存在盲目性，缺乏较为科学有效的评价方法，规划策略研究中少有相应方法论探究等问题。以山东滨海地区的典型乡村为例，运用空间适宜性分析、网络文本分析与文化基因感知评价等方法，整合结构化及非结构化数据，构建基于文化基因的山东滨海乡村规划研究的技术框架，为滨海乡村规划策略的生成、乡村文化基因保护与空间环境优化提供更加科学理性的支撑，以期为其他地区乡村的相关理论研究及设计实践提供借鉴。

徐启明参与本书第一章部分内容撰写，黄璐璐参与第二章部分内容撰写，朱楠、刘晨参与第三章部分内容撰写，苏月、孙悦参与第四章部分内容撰写，徐启明、黄璐璐、朱楠、苏月、刘晨、刘欣、孙悦参与第五章部分内容撰写。

参考文献

[1] 黑格尔. 历史哲学 [M]. 王造时，译. 上海：上海书店出版社，2006.

[2] 刘沛林，刘春腊，邓运员，等. 客家传统聚落景观基因识别及其地学视角的解析 [J].
     人文地理，2009，24（06）：40-43.

[3] 王媛钦. 基于文化基因的乡村聚落形态研究 [D]. 苏州：苏州科技学院，2009.

[4] 丁锋，张凯静，郭文慧. 气象条件对滨海旅游经济产出的弹性影响：以青岛为例 [J].
     海洋气象学报，2021，41（01）：147-152.

[5] 潘仕梅，衣淑玉，王一然，等. 烟台市气候变化及其对旅游业影响分析 [J]. 农学学报，
     2018，8（05）：60-66.

[6] 宋华丽，方娇慧. 1981—2015 年威海市气候变化特征分析 [J]. 中国人口·资源与环境，
     2017，27（S2）：204-207.

[7] 周光裕，等. 山东森林 [M]. 北京：中国林业出版社，1986.

[8] 董小静. 山东半岛滨海乡村景观资源保护与利用研究 [D]. 泰安：山东农业大学，2009.

[9] 许丽，郑雅慧，刘举，等. 山东渔村旅游开发中乡村景观资源的保护和利用 [J]. 山东
     农业大学学报（自然科学版），2014，45（01）：48-52.

[10] 李春雁，李树山. 青岛滨海山地环境景观资源利用与分析 [C]// 中国生态学学会. 中国
     可持续发展研究会 2005 年学术年会论文集（下册），2005：339-342.

[11] 青岛市史志办公室. 青岛市志·自然地理志 / 气象志 [M]. 北京：新华出版社，1997.

[12] 于红. 青岛市乡村旅游发展中的问题及对策 [J]. 中共青岛市委党校青岛行政学院学报，
     2018（02）：96-99.

[13] 张丽元. 威海乡村旅游发展研究 [D]. 秦皇岛：河北科技师范学院，2020.

[14] 夏爽烟台：山海仙境赋予独有的人文特质 [J]. 走向世界，2016（31）：26-27.

[15] 李胤南. 多元文化下的乡土景观与地域文化融合性研究 [D]. 绵阳：西南科技大学，
     2018.

[16] 刘坚. 滨海渔村生产性景观设计研究 [D]. 南京：南京林业大学，2017.

[17] 徐晓云. 滨海美丽乡村景观规划设计研究 [D]. 济南：山东建筑大学，2019.

[18] 秦宗财，杨郑一. 中国大运河文化表征与传播创新研究 [J]. 中原文化研究，2021，
     9（03）：67-73.

[19] 雷文彪.民族记忆与文化基因：瑶族民族记忆中"中华民族共同体"文化基因的表征及其价值阐释[J].广西民族研究，2021（01）：153-161.

[20] 李贺楠，张玉坤.山东沿海地区渔村村落人居环境的景观特色[J].中国园林，2008，（04）：71-73.

[21] 鲁西奇，韩轲轲.散村的形成及其演变[J].中国历史地理论丛，2011，26（04）：77-91.

[22] 李贺楠，张玉坤.山东沿海地区渔村村落人居环境的景观特色[J].中国园林，2008，（04）：71-73.

[23] 韩延明.威海渔村乡土景观研究[D].南京：南京工业大学，2012.

[24] 梁雪.山东荣成地区渔村风貌特点及其发展[J].南方建筑，2010（06）：32-35.

[25] 李贺楠，张玉坤.山东沿海地区渔村村落人居环境的景观特色[J].中国园林，2008（04）：71-73.

[26] 郑鲁飞.山东地区海防卫所型传统村落形态与保护研究[D].青岛：青岛理工大学，2020.

[27] 孟莹，戴慎志，文晓斐.当前我国乡村规划实践面临的问题与对策[J].规划师，2015，31（02）：143-147.

[28] 付志伟，邓冰.新型城镇化背景下川西林盘文化景观保护与发展策略：以四川省崇州市林盘为例[C].中国风景园林学会2014年会论文集（上册），2014：32-36.

[29] 汤鹏，王浩.基于MCR模型的现代城市绿地海绵体适宜性分析[J].南京林业大学学报（自然科学版），2019，43（03）：116-122.

[30] 张引，杨庆媛，李闯，等.重庆市新型城镇化发展质量评价与比较分析[J].经济地理，2015，35（07）：79-86.

[31] 郑洋，郝润梅，吴晓光，等.基于MCR模型的村庄"三生空间"格局优化研究[J].水土保持研究，2021，28（05）：362-367.

[32] 刘孝富，舒俭民，张林波.最小累积阻力模型在城市土地生态适宜性评价中的应用：以厦门为例[J].生态学报，2010，30（02）：421-428.

[33] 中国城市规划设计研究院.青岛市乡村风貌规划[R].2020.

[34] 陈曦.海洋环境影响下灵山岛聚落空间形态研究[D].青岛：青岛理工大学，2020.

[35] 杨永斌.守望大地、振兴乡村：血缘与地缘文化自信下的乡村规划[J].中外建筑，2018（09）：137-138.

[36] 佚名.胶东红色革命历史的特色[DB/OL].(2021-05-16)[2022-02-10].http://www.jiaodong.net/special/system/2014/06/11/012311517.shtml.

[37] 史本恒.水文和地貌条件对胶东半岛聚落选址的影响[J].华夏考古，2013（04）：34-45.

[38] 许少亮.在山水格局下重塑中国特色乡村景观 [J]. 福建建设科技，2017（04）：38–40.

[39] 李默，宫攀.山东省乡村聚落景观空间布局模式分析 [J]. 安徽农业科学，2011，39（30）.

[40] 严文明，吴诗池，张景芳，等.山东栖霞杨家圈遗址发掘简报 [J]. 史前研究，1984（03）：91–99.

[41] 高伟.记录胶东农业发展史 栖霞探访"稻米之路" [DB/OL].（2008–07–26）[2022–2–20]. http://www.jiaodong.net/news/system/2008/07/26/010303365.shtml.

[42] 戴靖怡.庙岛群岛生态文化遗产活化与文化旅游业提质的融合发展研究 [J]. 中国海洋大学学报（社会科学版），2020（06）：34–41.

[43] 杨秋风.基于网络文本分析的重庆都市旅游形象感知研究 [D]. 重庆：重庆师范大学，2014.

[44] 刘梦圆.基于网络文本分析的南京市旅游地形象感知研究 [D]. 南京：南京师范大学，2017.

[45] 佚名.旅游网站排行榜 [DB/OL].（2021–12–22）[2022–03–18].https://top.chinaz.com /hangye/indexjiaotonglvyou_lvyou.html.

[46] 沈啸，张建国.基于网络文本分析的绍兴镜湖国家城市湿地公园旅游形象感知 [J]. 浙江农林大学学报，2018，35（01）：145–152.

[47] 李红波.韧性理论视角下乡村聚落研究启示 [J]. 地理科学，2020，40（04）：556–562.

[48] 韩锋.文化景观：填补自然和文化之间的空白 [J]. 中国园林，2010，26（09）：7–11.

[49] 王世舜，王翠叶译注.尚书 [M]. 上海：中华书局，2012.

[50] 即墨市政协教科卫与文体史委员会.雄崖所古城 [M]. 北京：中国文史出版社，2010.

[51] 青岛理工大学建筑学院，华中科技大学建筑与城市规划学院.村庄安全：青岛滨海典型乡村规划设计 [M]. 北京：中国建筑工业出版社，2018.

[52] 青岛理工大学建筑学院.田横岛省级旅游度假区周戈庄传统村落保护与发展规划说明书 [R]. 2017.

[53] 曾诗晴，谢彦君，史艳荣.时光轴里的旅游体验：历史文化街区日常生活的集体记忆表征及景观化凝视 [J]. 旅游学刊，2021，36（02）：70–79.

[54] 田梦瑶，郑文俊，艾烨，等.桂林山水城市历史景观"锚固 – 层积"时空过程解译 [J]. 中国园林，2022，38（03）：26–31.

[55] 李超.滨海城市可持续性旅游规划研究 [M]. 青岛：青岛出版社，2018.

[56] 李超，朱楠.立足山水格局的乡村景观保护与提升研究：以青岛杨家山里村群为例 [J]. 建筑与文化，2022（02）：251–252.

[57] 李超，苏月，代峰，等.基于乡土判识的旅游型乡村建造实践初探：以港南村为例 [J].

建筑与文化，2019（08）：220-221.

[58] 李超，王东楠，孙昉.青岛特色小镇建构方法初探：以即墨温泉小镇为例 [J].青岛理工大学学报，2018，39（04）：49-55.

[59] 霍艳虹.基于文化基因视角的京杭大运河水文化遗产保护研究 [M].天津：天津大学出版社，2019.

[60] 刘长林.中国系统思维：文化基因透视 [M].北京：中国社会科学出版社，1990.

[61] 罗伯特·波拉克.解读基因：来自 DNA 的信息 [M].杨玉玲，译.北京：中国青年出版社，2000.

[62] LONG H, LIU Y. Rural restructuring in China[J]. Journal of rural studies, 2016, 47（10）: 387-391.

[63] 刘彦随.中国新时代城乡融合与乡村振兴 [J].地理学报，2018，73（04）：637-650.

[64] 莫妮卡·卢思戈，韩锋，等.文化景观之热点议题 [J].中国园林，2012，28（05）：10-15.

[65] 贾丽奇，邬东璠.公众"实质性"参与天坛遗产保护的问题及思考：基于天坛利益相关者意愿与诉求的实证研究 [J].中国园林，2014，30（04）：59-62.

[66] 沈兴菊.人工生态游憩地驱动机制及吸引力评价研究 [D].成都：成都山地所，2010.

[67] 陈曦.建筑遗产保护思想的演变 [M].上海：同济大学出版社，2016：180.

[68] 邹君，朱倩，刘沛林.基于解释结构模型的旅游型传统村落脆弱性影响因子研究 [J].经济地理，2018，38（12）：219-225.

[69] 吴吉林，周春山，谢文海.传统村落农户乡村旅游适应性评价与影响因素研究：基于湘西州 6 个村落的调查 [J].地理科学，2018，38（05）：755-763.

[70] 吴清，冯嘉晓，陈刚，等.山岳型乡村旅游地"三生"空间演变及优化：德庆金林水乡的案例实证 [J].生态学报，2020，40（16）：5560-5570.

[71] 赵兵，郑志明，王智勇.乡村旅游视角下的新农村综合体规划方法：以德阳市新华村综合体规划为例 [J].规划师，2015，31（02）：138-142.

[72] 胡玲.农业现代化背景下乡村旅游发展路径探索 [J].农业经济，2019（05）：24-26.

[73] 郭焕成，韩非.中国乡村旅游发展综述 [J].地理科学进展，2010，29（12）：1597-1605.

[74] Baloglu S, Mccleary K W.A model of destination image formation[J].Annals of tourism research, 1999, 26（04）: 868-897.

[75] Mackay K J, Fesenmaier D R.Pictorial element of destination in image formation[J]. Annals of tourism research, 1997, 24（03）: 537-565.

[76] 敬峰瑞，孙虎，龙冬平.基于网络文本的西溪湿地公园旅游体验要素结构特征分析 [J].浙江大学学报（理学版），2017，44（05）：624-630.

[77] 沈啸，张建国．基于网络文本分析的绍兴镜湖国家城市湿地公园旅游形象感知 [J]. 浙江农林大学学报，2018，35（01）：145–152.

[78] Beerli A，Martin J D.Tourists'characteristics and the perceived image of tourist destinations: a quantitative analysis–a case study of Lanzarote，Spain[J]. Tourism management，2004，25（05）：623–636.

[79] Anna M. Hersperger，Matthias Bürgi，Wolfgang Wende et al. Does landscape play a role in strategic spatial planning of European urban regions[J]? Landscape and Urban Planning，2020：194.

[80] Nicola Cucari，Ewa Wankowicz，Salvatore Esposito De Falco. Rural tourism and Albergo Diffuso：A case study for sustainable land–use planning [J]. Land Use Policy，2019，82：105–119.

[81] 魏祥莉，苏海威，陈曦，等. 高品质的田园化空间特色构建策略：以北京顺义区为例 [J]. 规划师，2020（10）：70–75.

[82] 吴雷，雷振东，崔小平，等．西安杨家村乡村景观互适性转型探讨 [J]．规划师，2020（13）：60–65.

[83] 孟莹，戴慎志，文晓斐．当前我国乡村规划实践面临的问题与对策 [J]. 规划师，2015，31（02）：143–147.

[84] Christian Albert，Christine Fürst，Irene Ring et al. Research note：Spatial planning in Europe and Central Asia–Enhancing the consideration of biodiversity and ecosystem services[J]. Landscape and Urban Planning，2020：196.

[85] 张曼琦．明代山东半岛海防卫所聚落选址布局与空间特征研究 [D]. 济南：山东建筑大学，2021.